Learning Terraform for Infrastructure as Code

impress
top gear

入門 Terraform

クラウド時代の
インフラ統合管理

草間 一人／伊藤 忠司／七尾 健太／前田 友樹／村田 太郎＝著

JN137081

インプレス

■ 正誤表のWebページ

正誤表を掲載した場合、以下のURLのページに表示されます。

https://book.impress.co.jp/books/1121101117

※本文中に登場する会社名、製品名、サービス名は、各社の登録商標または商標です。
※本書の内容は本書執筆時点のものです。本書で紹介した製品/サービスなどの名前や内容は変更される可能性があります。
※本書の内容に基づく実施・運用において発生したいかなる損害も、著者ならびに株式会社インプレスは一切の責任を負いません。
※本文中では®、TM、©マークは明記しておりません。

はじめに

　本書を手に取っていただいたみなさん、ありがとうございます。本書は、IaC（Infrastructure as Code）を実現するプロビジョニングツール、Terraform の入門解説書です。

　Terraform が登場したのは 2014 年、そして GA（General Availability）になったのは 2021 年です。その間、着実に利用者を増やし続け、現在では IaC のデファクトスタンダードと呼ばれる存在となりました。その人気の理由は、メガクラウドはもちろん、それほど有名ではないクラウドプロバイダーや各種 SaaS、オンプレミス環境の仮想化基盤やネットワーク機器の設定まで、幅広く対応できる点にあります。また、HCL（HashiCorp Configuration Language）という、構成管理に特化した独自言語によってもたらされる表現力の高さも大きな要因となっています。本書では、それらの特徴を踏まえたうえで、ひとつのクラウドに留まらない、より多くの環境における Terraform の利用方法を解説します。

　また、エコシステムの広さも Terraform の魅力です。便利なさまざまなツールがコミュニティから提供されていますが、それだけでなく、Terraform の開発元である HashiCorp からも、便利なツールやサービスが提供されています。

　GA 以降、世の中ではいくつかの Terraform 本が出版されていますが、意外なことに HashiCorp の提供する公式なツールやサービスに関する解説はあまり見受けられないのが現状です。ですが、ツールが目指す方向を知り、将来の発展についていくには、開発元の提供する追加要素から学ぶことが近道となるでしょう。

　そこで、本書では HashiCorp が公式に提供するツールやサービスについても解説していきます。開発元が提供するサービスを活用することで、開発側がどのような設計思想で Terraform を作っているのか、また将来のビジョンはどうなっているかを予測できるでしょう。

　本書を通じて、みなさまが Terraform をよりしっかりと理解し、IaC を導入していくきっかけとなれば幸いです。

草間一人

本書の構成

　本書の前半は、Terraform の基礎的な知識を解説しています。第 1 章では、Terraform の前提となる知識や、IaC の概念、他ツールとの比較について触れています。

　第 2 章から第 4 章は、代表的なプロバイダーに対して Terraform を適用する方法を解説します。第 2 章では手元で動作を確認できる Docker 環境で Terraform の基本的なコマンドを解説します。第 3 章は AWS、第 4 章は Azure と Google Cloud を対象に WordPress の構築を行います。普段いずれかのクラウドしか利用していない方も、他のクラウドに触れておくことで、いざマルチクラウドに挑戦となってもスムーズに着手できます。

　第 5 章では、HashiCorp が提供する SaaS である HCP Terraform（旧称 Terraform Cloud）を解説しています。近年の Terraform は HCP Terraform の併用を意図して機能開発が進んでいるため、一度触れておけば今後追加される機能についても理解しやすくなるでしょう。

　第 6 章では、Terraform の再利用性を高めるモジュールについて、第 7 章では Terraform のマルチプラットフォーム対応の肝となるプロバイダーについて解説しています。第 8 章では、HashiCorp が提供するポリシー言語およびフレームワークである Sentinel を解説します。IaC と合わせて PaC（Policy as Code）の概念を理解することで、よりセキュアで統制の取れたインフラを構築できるようになります。

　最後の付録では、Terraform や HCP Terraform を活用していくうえで便利な仕組みの解説とコマンドの紹介を行っています。

　全ての章を通して読むことで、HashiCorp が公式に提供している一連のエコシステムを理解できる構成となっています。本書がみなさまのお役に立てることを願っています。

著者の各担当

第 1 章 第 4 章、および付録：草間一人
第 5 章：前田友樹
第 6 章：伊藤忠司
第 7 章：村田太郎
第 8 章：七尾健太

本書のサンプルコードについて

　本書で紹介する各章サンプルは以下の GitHub から入手が可能です。

https://github.com/jacopen/practical-terraform-scripts

目次

はじめに iii
    本書の構成 iv
    著者の各担当 iv
    本書のサンプルコードについて iv

第 1 章　Terraform 概要　　　　　　　　　　　　　　　　　1

  1.1 クラウドとシステム運用の課題 1
      1.1.1 クラウドがもたらした変化 1
      1.1.2 クラウド化による課題 3
      1.1.3 解決策としての自動化 7
  1.2 Terraform とは何か 8
      1.2.1 Terraform の歩み 8
      1.2.2 ライセンス 10
      1.2.3 Terraform の仕組み 11
  1.3 Infrastructure as Code とは 12
      1.3.1 手作業によるインフラ構築の問題点 13
      1.3.2 Infrastructure as Code のメリット 15
      1.3.3 HashiCorp Configuration Language 17
  1.4 その他のツールとの違い 20
      1.4.1 他の OSS との違い 21
      1.4.2 クラウドの構築自動化ツールとの違い 23

第 2 章　Terraform の基本的な操作　　　　　　　　　　　25

  2.1 本章で構築する構成と目的 25
      2.1.1 Terraform のセットアップ 26
      2.1.2 Docker の準備 28
  2.2 リソースを作成する 29
      2.2.1 TF ファイルの作成 29
      2.2.2 初期化 — terraform init — 30

		2.2.3	構築 — terraform plan —	32
		2.2.4	実行 — terraform apply —	32
	2.3	コードを読み解く		34
		2.3.1	terraform ブロック	35
		2.3.2	provider ブロック	36
		2.3.3	resource ブロック	36
		2.3.4	構成されるインフラオブジェクト	38
	2.4	構築された環境を読み解く		38
		2.4.1	生成されたファイルの確認	39
		2.4.2	ステートファイルとは	39
		2.4.3	ステートファイルの管理について	42
	2.5	変数を利用する		43
		2.5.1	変数の宣言	44
		2.5.2	変数の利用	44
		2.5.3	変数の設定	45
	2.6	構築した環境を変更する		48
		2.6.1	TF ファイルの更新	48
		2.6.2	環境の削除 — terraform destroy —	50
	2.7	Terraform のコマンド		52
		2.7.1	よく利用するコマンド	52
		2.7.2	コマンドの流れ	53
		2.7.3	HCL の整形	54

第 3 章　AWS で始める Terraform　　57

	3.1	AWS の環境を構築しよう		57
		3.1.1	なぜ AWS で Terraform なのか？	57
		3.1.2	本章で構築する構成	60
	3.2	AWS 環境の準備		60
		3.2.1	AWS アカウントの作成	61
		3.2.2	IAM ユーザーの作成	61
		3.2.3	認証情報の保管	64
	3.3	リソースを作成する		64
		3.3.1	TF ファイルの作成	65

目次

- 3.4 Terraform でシステムを作る 70
  - 3.4.1 Wordpress で必要になる環境 70
  - 3.4.2 main.tf の作成 71
  - 3.4.3 VPC 72
  - 3.4.4 サブネット 72
  - 3.4.5 インターネットゲートウェイ 74
  - 3.4.6 ルートテーブル 74
  - 3.4.7 セキュリティグループ 75
  - 3.4.8 RDS 77
  - 3.4.9 EC2 インスタンス 79
  - 3.4.10 WordPress 実行環境のセットアップ 80
  - 3.4.11 outputs ファイルの作成 82
  - 3.4.12 構築の実行 82
  - 3.4.13 センシティブな値の取得 83
- 3.5 複数のリソースを作成する 85
  - 3.5.1 ループの利用 85
  - 3.5.2 count の利用（非推奨） 87
  - 3.5.3 count の使い道 88
- 3.6 AWS プロバイダーに権限を渡す方法 89
  - 3.6.1 provider ブロック内のコンフィグ（非推奨） 90
  - 3.6.2 AWS CLI 設定ファイル 90
  - 3.6.3 IAM インスタンスプロファイル 91
  - 3.6.4 Dynamic Provider Credentials 91
- 3.7 AWS 環境を構築するための情報 92
  - 3.7.1 AWSCC プロバイダーのドキュメント 93
  - 3.7.2 HashiCorp Developer 94

第 4 章　マルチクラウドで Terraform を活用　　95

- 4.1 マルチクラウドこそ Terraform の強み 95
  - 4.1.1 構築ワークフローの統一 96
  - 4.1.2 クラウドごとの知識は必要 97
  - 4.1.3 Terraform によってクラウドの理解が早まる 98
- 4.2 Azure での環境構築 99

目次

- 4.2.1 構築する構成 100
- 4.2.2 Azure プロバイダー 101
- 4.2.3 Azure 環境の準備 101
- 4.2.4 リソースを作成する 104
- 4.2.5 構築の実行 114
- 4.2.6 Azure 構築のまとめ 116
- 4.3 Google Cloud での環境構築 117
  - 4.3.1 構築する構成 117
  - 4.3.2 Google Cloud 環境の準備 118
  - 4.3.3 リソースを作成する 120
  - 4.3.4 構築の実行 128
  - 4.3.5 Google Cloud 構築のまとめ 129

第 5 章　HCP Terraform を使ったチーム運用　　131

- 5.1 HCP Terraform とは何か 131
  - 5.1.1 Terraform 単体だと困ること 132
  - 5.1.2 Terraform 運用のベストプラクティス 133
  - 5.1.3 HCP Terraform が提供する機能 134
- 5.2 HCP Terraform のサインアップ 136
- 5.3 ステートファイルの移行 136
  - 5.3.1 ローカルでステートファイルを作成しておく 137
  - 5.3.2 HCP Terraform 向けの設定を追加 138
  - 5.3.3 ログイン 139
  - 5.3.4 ステートファイルを移行 141
  - 5.3.5 Workspace を確認する 142
- 5.4 HCP Terraform 上での実行 144
  - 5.4.1 Plan を実行する 144
  - 5.4.2 ローカル実行で確認する 145
  - 5.4.3 リモート実行で確認する 147
- 5.5 VCS と連携する 149
  - 5.5.1 Git および GitHub の準備 150
  - 5.5.2 HCP Terraform と GitHub の連携 153
  - 5.5.3 リポジトリを更新する 156

第 6 章　モジュールの活用　　　　　　　　　　　　　　　161

- 6.1　Terraform におけるモジュール 161
  - 6.1.1　コードの複雑化に伴う問題 161
  - 6.1.2　モジュールとは？ 162
  - 6.1.3　モジュールの呼び出し 163
  - 6.1.4　モジュールのメリット 165
  - 6.1.5　モジュールのベストプラクティス 166
- 6.2　パブリックモジュール 167
  - 6.2.1　AWS 169
  - 6.2.2　AWS VPC モジュールを使ってみる 172
  - 6.2.3　Azure 178
  - 6.2.4　Google Cloud 179
- 6.3　自作のモジュールを公開する 180
  - 6.3.1　作成するモジュール 180
  - 6.3.2　モジュールのコーディング 182
- 6.4　HCP Terraform によるモジュール管理 191
  - 6.4.1　パブリックモジュールの公開 191
  - 6.4.2　プライベートモジュールの登録 193
  - 6.4.3　登録用モジュールの作成 194
  - 6.4.4　プライベートモジュールレジストリへの登録 197
  - 6.4.5　発展的なユースケース 201

第 7 章　さまざまなプロバイダー　　　　　　　　　　　　　203

- 7.1　さまざまなサービスを組み合わせる 203
  - 7.1.1　サービスを組み合わせるのが「現代風」 204
  - 7.1.2　Terraform とリソース 204
- 7.2　Terraform Registry 205
  - 7.2.1　プロバイダーの情報を取得する 205
  - 7.2.2　プロバイダーの Tier 207
- 7.3　プロバイダー紹介 209
  - 7.3.1　Docker プロバイダー 210
  - 7.3.2　TFE プロバイダー 213
  - 7.3.3　HashiCorp Cloud Platform プロバイダー 215

目次

- 7.3.4 HashiCorp Vault プロバイダー ... 218
- 7.3.5 VMware vSphere プロバイダー ... 220
- 7.3.6 Nutanix プロバイダー ... 223
- 7.3.7 Fastly プロバイダー ... 225
- 7.3.8 Datadog プロバイダー ... 227
- 7.3.9 Splunk Enterprise プロバイダー ... 229
- 7.3.10 Ansible プロバイダー ... 230

第8章 Sentinel による Policy as Code の実践　233

- 8.1 IaC 運用における課題 ... 233
  - 8.1.1 インフラや組織のセキュリティ対策 ... 234
  - 8.1.2 組織のコンプライアンス遵守 ... 235
  - 8.1.3 ベストプラクティスの実践 ... 236
  - 8.1.4 ポリシー適用自動化の必要性 ... 236
  - 8.1.5 Policy as Code ... 237
  - 8.1.6 PaC の例 ... 238
- 8.2 Sentinel ... 240
  - 8.2.1 Sentinel の特徴 ... 240
  - 8.2.2 Sentinel のセットアップ ... 240
  - 8.2.3 helloworld.sentinel ... 242
  - 8.2.4 Sentinel の基本的な機能 ... 244
  - 8.2.5 ルールの記述 ... 247
  - 8.2.6 組み込み関数 ... 251
  - 8.2.7 パラメータ ... 254
- 8.3 ポリシーテスト ... 256
  - 8.3.1 テストケースの準備 ... 257
  - 8.3.2 モックテスト ... 261
- 8.4 Sentinel CLI 設定ファイル ... 264
  - 8.4.1 設定ファイルのブロック ... 264
  - 8.4.2 モジュール ... 269
- 8.5 実践的なポリシー実装 ... 271
  - 8.5.1 プロビジョナーの禁止 ... 272
  - 8.5.2 Terraform のバージョンの制限 ... 274

		8.5.3	ポリシー設定のポイント	274
8.6	HCP Terraform との連携			276
		8.6.1	ポリシーとポリシーセット	276
		8.6.2	ポリシーチェックの適用	277

付録　Terraform Tips　　281

A.1	Dynamic Provider Credentials			281
		A.1.1	認証情報を直接与えるリスク	281
		A.1.2	認証情報を直接与えずに Terraform を使う	282
		A.1.3	AWS の設定	283
		A.1.4	HCP Terraform の設定	286
		A.1.5	動作確認	287
		A.1.6	さまざまなクラウドでの利用	287
A.2	読み出し専用のデータソースを定義する			288
		A.2.1	データソースとは	288
		A.2.2	利用可能なデータソース	289
A.3	Terraform ファイルの分割方法			290
		A.3.1	Terraform ファイルを分割して管理する	290
		A.3.2	ステートファイルを分割して管理する	292
A.4	他のステートファイルを参照する			295
		A.4.1	terraform_remote_state データソース	295
		A.4.2	HCP Terraform から remote_state を参照する	296
		A.4.3	remote_state を参照する手順	297
A.5	複数のリージョンやアカウントを使う			299
		A.5.1	複数のリージョンを同時に設定する	300
		A.5.2	複数のアカウントを利用する	301
A.6	ローカル値			302
		A.6.1	再利用したい値を定義する	302
		A.6.2	ローカル値で設定できること	304
		A.6.3	local 値と variable との使い分け	305
A.7	ヒアドキュメントとテンプレート構文			306
		A.7.1	ヒアドキュメントで複数行の文字列を扱う	306
		A.7.2	外部ファイルを読み込む	307

A.8	動的にブロックを生成する	310
	A.8.1 dynamic ブロック	311
A.9	デバッグとトラブルシューティング	313
	A.9.1 terraform console の活用	313
	A.9.2 ログレベルの調整	314
A.10	覚えておきたい便利コマンド	314

索 引 318

第1章
Terraform 概要

　読者の皆さんは、クラウドを使ったインフラの構築・運用を行っていますか？そうだとして、どのような手段・手法を用いているでしょうか？クラウドは非常に便利な一方、たくさんのリソースを運用しようと思うと作業の手数が多くなりがちです。そこで、手動で運用するのではなく、自動化を進めていくことが大切と言われています。

　本章では、クラウドコンピューティングの特徴や課題をまとめるとともに、構築・運用の高度な自動化を実現するTerraformについて解説します。

1.1 クラウドとシステム運用の課題

　Terraformについて詳しく学んでいく前に、まずこのツールが必要とされる背景について見ていくことにします。

1.1.1 クラウドがもたらした変化

　コンピュータシステムの世界に**クラウドコンピューティング**という考え方が登場してから十数年が経ちました。今では規模の大小を問わず、あらゆる業種・業界においてクラウドを活用したインフラの運用が当たり前になっています。パブリッククラウドを使わずオンプレミスを中心にシステムを運用する企業において

も、**プライベートクラウド**と呼ばれる環境を運用しているケースが多くなっており、そういう意味ではクラウドに無縁な企業というのはもはや存在しないと言っても良いでしょう。

どうしてここまでクラウドが受け入れられたかというと、その理由はクラウドの従来型インフラに対する優位性にあります。NIST（米国国立標準技術研究所）が公開しているクラウドコンピューティングの定義によると、クラウドの特徴として次のような点が挙げられています[1]。

- **オンデマンド・セルフサービス**
  自動化されたシステムにより、ユーザー自身の操作でいつでもコンピューティングリソースが提供されること
- **幅広いネットワークアクセス**
  サービスはネットワークを通じて利用でき、スマートフォンやタブレット、ノートPCなどの軽量の端末からでも使えること
- **リソースの共用**
  クラウドサービスの事業者全体でリソースを所有しているが、個々のユーザーは分離されており、互いに干渉することはない
- **スピーディな拡張性**
  コンピューティング能力は、ユーザーの需要に応じて割り当てられ、スケールアウト・スケールインができる。割当ての自動化も可能
- **サービスが計測可能であること**
  サービスの使用量は事業者によって計測され、使用量が報告されて課金される

つまるところ、「必要なときに必要なだけ、セルフサービスで環境が調達でき、使ったぶんだけ料金を支払えば良い」というのがクラウドの特徴と言えるわけですね。それまでは工数も費用もかかっていた企業のインフラ運用の悩みがごっそり解決されるサービスということで、僅か数年で受け入れられたのも当然のことと言えるでしょう。

---

[1] 独立行政法人情報処理推進機構『NISTによるクラウドコンピューティングの定義』より引用（https://www.ipa.go.jp/files/000025366.pdf）。説明は簡略化してまとめています。

クラウドの登場によって、もはや企業が独自のデータセンターを持つ必要はなく、ハードウェアの調達や設置は不要になりました。これまでは、リソースの追加を行いたいと思ったとしても、早くて数週間、場合によっては数ヶ月から半年ほどの時間がかかるのが普通でした。しかし、クラウドによってリソースの調達は数分から数時間で完了するようになります。嬉しいことに、初期費用もほとんどかからないのです。いつでも気軽に、必要になったときに必要なだけのリソースを調達できます。

1.1.2 クラウド化による課題

このように良いことずくめに感じるクラウドですが、新たに生まれた課題も存在します。

- ◆ 増え続けるリソースの管理
- ◆ 不要なコストの発生
- ◆ クラウド独特のお作法への適応
- ◆ 運用の効率化への要求

それぞれ詳しく見ていきましょう。

■ 増え続けるリソースの管理

クラウドによってリソースの調達が非常に容易に、高速に、安価に行えるようになりました。その結果、たくさんの計算機リソースがクラウドに移行、もしくは新規に構築されるようになりました。これ自体は悪いことではないのですが、問題はそのリソースの管理です。

例えばオンプレミスで運用していたサーバー群をクラウドに移行するとします。この際、頭の中でイメージする「移行しなければいけないリソース」は、「数台のサーバー」と「ネットワークスイッチ」あたりでしょうか。数個のリソースをクラウド側に新規作成するイメージですね。

しかし、実際にはそうではありません。クラウドでは、クラウドプロバイダーごとに独自に定義されたさまざまなリソースを組み合わせて構築していく必要があ

ります。例えば、1台の仮想サーバーだけを考えても「仮想サーバー」「ストレージ」「ネットワークインターフェイス」のリソースが最低限必要となります。加えて「ネットワーク」「サブネット」「セキュリティグループ」「ルートテーブル」「インターネットゲートウェイ」などのリソースを適切に組み合わせていく必要があります（図1.1）。

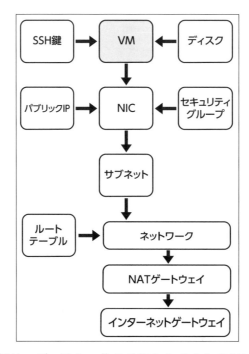

図1.1　仮想サーバーひとつ作るのにもたくさんのリソースが必要

　オンプレミス環境では「100台のサーバー」だったものをクラウドで再現すると「1000近くのリソース」となり、それらをそれぞれに作成・管理しなければならないことになります。これらのリソースは互いに依存関係を持っており、適切な設定が求められます。

　これらひとつひとつを作成して組み合わせるのは大変なので、クラウドのコンソールはある程度抽象化されており、数クリックで複数のリソースを作成することも可能です。したがって、実際の工数はもう少し減るのですが、これはこれでまた別の問題も引き起こし得ます。

■ 不要なコストの発生

　クラウドの場合、リソースによっては存在するだけで費用が発生するものがあります。秒単位、分単位、時間単位によって課金が発生するリソースの場合、使っていないリソースを細かく削除していかないと、無駄な費用を発生させてしまいます。

　しかし、抽象化されていつの間にか作成されていたリソースの場合、そもそも存在していることに気づかず放置してしまうことが多いのです。筆者もそういった「うっかり消し忘れたリソース」に対して費用を発生させてしまい、数百円から数千円の無駄な課金が生じた経験が何度もあります。個人ですらこのくらいの金額なので、企業全体で見ると数十万から数百万円に膨れ上がっている可能性もあります。一説には、企業のクラウド利用コストのうち30％はそういった無駄なコストと言われており、世界全体で数千億ドルにもなるという試算もあるようです。自社データセンターであれば遊休リソースに対するランニングコストは電気代や冷房費程度で済みましたが、クラウドではダイレクトに費用が発生するため、細かく管理しないと結果としてオンプレミスより高く付いてしまうこともあります。

■ クラウド独特のお作法への適応

　リソースの話もそうですが、クラウドはインフラをサービスとして提供するために、オンプレミスの運用とは異なる概念が存在します。例えばVPC（Virtual Private Cloud）は、巨大なクラウドプロバイダーのインフラから、利用者ごとのテナントを切り出すために作り出された概念です。これまでのオンプレミスデータセンターのような、何か目に見える実体があるものではなく、仮想の概念をネットワーク越しにリクエストして作成する必要があります。そして面倒なことに、この独自の概念はクラウドプロバイダーによって異なるため、操作方法をクラウドごとに学ぶ必要があります。

　こういったクラウドのお作法を、個人だけではなく組織としてどのように学んで行くか、どのようにノウハウを蓄積するかということもクラウド化によって生まれた新たな課題です。組織の中の誰かひとりがクラウドを学んでインフラを組めるようになったとしても、それはあくまでもクラウドの操作ができるようになっただけで、組織的なノウハウにはなっていません。

このように個人的な知識に頼るかたちになってしまうと、どうしても作業の属人化という問題が発生してしまいます。AWSはAさんに、AzureはBさんに……となってしまうと、それぞれの担当者がいない限り構築が進まなくなります。人は無限に働けるわけではないので、例えばその人が多忙で稼働が空かなかったり、病気で休んでしまったりすると、それだけで作業が遅延してしまうことになります（図1.2）。

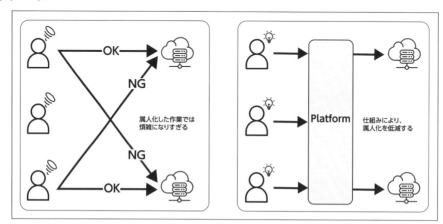

図1.2　組織的なノウハウにするため、何らしかの仕組みが必要

もしかすると、転属や転職などでチームを去ってしまうかもしれません。そうなると誰も構築作業ができず、チームからそのノウハウが消え去ってしまうことになります。

そうならないためにも、インフラの管理は個人的な知識から組織的なノウハウにしていくことが大切です。そのためには、メンバーが操作方法を学ぶだけでなく、体系的に、かつ何らかのかたちとして残る仕組みを作る必要があります。

■ 運用の効率化への要求

これはクラウドそのものの課題ではないかもしれませんが、昨今の急速なIT化により、インフラ構築や管理の効率化が求められるようになってきました。現在では、相当規模のインフラをわずか数日で構築しなければならないというケースも多々あります。

クラウドにはこれに対応できるだけの柔軟性がありますが、それを扱う人間の

キャパシティーが限られているため、クラウドのポテンシャルを生かし切れなくなるケースも多いのです。前述したように、増え続けるリソースへの対応やクラウド自体への習熟の問題もありますが、それに加えてインフラ構築作業の速度や効率性も考えなければいけません。

1.1.3 解決策としての自動化

これまで挙げた課題点のあいだで共通するものはなんでしょうか。単純に「クラウドプロバイダー側に問題がある」と考えてしまいがちですが、そうではありません。こうした問題に共通する点は「タスクに対して使う側の人間の能力が追い付いていない」ことだと考えられます。人間の能力不足のため、数千のリソースの管理が難しく、ノウハウの共有にも時間がかかってしまうのです。もちろん、これは「努力不足」といった意味ではありません。クラウドを使い込んでいくと、もはや人力ではどうにもならない世界に至ってしまうという構造的な問題なのです。

クラウドプロバイダーもわざと使いづらくしているわけではなく、サービスを提供していくにあたって合理的な設計をしているに過ぎません。プロバイダー側がリソースを抽象化して使いやすくしたサービスを提供することもありますが、下位の抽象度が低いサービスが廃止されるわけではありません。そのため、「従来の抽象度の低いサービス」＋「新しい抽象度の高いサービス」の足し算となり、結果としてリソースの数が増えてしまうこともあります（図1.3）。

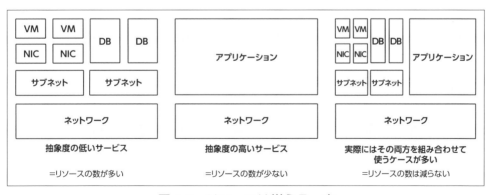

図1.3　リソースは増える一方

管理すべき対象のリソースは増える一方、減ることはないと考えたほうが良いでしょう。では、これらの問題を解決するために何をするべきでしょうか。その答えは**自動化**です。自動化はスクリプトなど、ある種のコーディングを行うことでシステムの操作をツールに代行させ、操作の時間を短縮し、ミスが混入する要因を減らし、関係者が情報を共有するのに役立ちます。自動化ツール使うことで、手動操作の限界を越えるような規模でも、効率良く構築を行うことができます。

そして、その自動化ツールの中でも各プラットフォームに共通で利用でき、多彩な機能を持っているのが本書で取り扱う **Terraform** なのです。

1.2 Terraform とは何か

Terraform は、HashiCorp が中心となって開発しているインフラのプロビジョニングツールです。2014 年 7 月にリリースされたあと、徐々に人気が高まっていき、現在のインフラ構築においてはデファクトスタンダード的な立ち位置にあります。大きな特徴としては、

- ◆ Infrastructure as Code の考え方を取り入れている
- ◆ マルチクラウドに対応している

の 2 点があります。Terraform の開発によって、インフラエンジニアは手作業による設定ファイルの作成や管理から解放され、自動化されたプロビジョニングプロセスによって、エラーのリスクを減らし、生産性を向上させられます。Terraform は、クラウドプロバイダーを問わず、AWS、Google Cloud、Azure などの主要なプロバイダーを含むマルチクラウドに対応していることも大きな特徴のひとつです。

1.2.1 Terraform の歩み

HashiCorp は、Terraform が登場するまでは Vagrant や Packer、Consul といったアプリケーション開発者向けのツールを開発する企業でした。Terraform

の登場以降は、インフラエンジニア向けのツールを開発する企業としても知られるようになり、今では同社を代表するツールとなっています。

　HashiCorpの創業者の一人でありTerraformの開発者でもあるMitchel Hashimotoが、ブログ[2]でTerraformの開発に至った経緯を語っています。それによると、元々はAWSが開発したCloudFormationに感銘を受けたところから始まります。感銘を受ける一方で、それをオープンソースで、クラウドに依存しないかたちで使えるようにするべきと感じたそうで、その想いをTumblrに綴っていました[3]。これが2011年のことです。しかし、それを満たすツールは数年経っても登場しませんでした。そこで自らそのツールを作ることにして、2014年に登場したのがTerraformでした。Tumblr記事の投稿から3年半経過していましたが、登場したTerraformはまさに記事の内容そのものを実現するツールとなりました。

　最初のバージョンであるTerraform 0.1はAWSとDigitalOceanのみの対応でしたが、その後さまざまなクラウドをサポートするように進化していくことになります。

　リリース後、Terraformはv0.x台のバージョンでリリースを重ね、GA（General Availability）になる前の状態でありながらも着実に利用者を増やしていきました。2019年にリリースされたバージョンv0.12では言語仕様の変更を伴うアップデートとなるなど一部で混乱も見られたものの、その後大きな仕様の変更はなく安定したアップデートを続け、2021年6月には、ついに1.0となりGAとなりました。

　2022年11月にGitHubが発表した情報によると、2022年にもっとも使用率が増加した言語第1位は、Terraformで利用されているHCL（HashiCorp Configuration Language）でした[4]。これはGAを迎えたこともあって、利用者が急速に増えたことを示唆しています。

---

[2] https://www.hashicorp.com/resources/the-story-of-hashicorp-terraform-with-mitchell-hashimoto

[3] 当時のTumblrの記事のリンクはわからなくなっていますが、Mitchel Hashimoto自身がその内容をGistに転記しています。https://gist.github.com/mitchellh/b52314d30ba22bb76f3d6bb9ff098090

[4] 「2022年、GitHub上で最も使われたプログラミング言語2位は『Python』1位は？」https://www.itmedia.co.jp/news/articles/2211/18/news120.html

また、2023 年に発表されたレポート[5] によると、プログラミング言語別コントリビュータ増加率においても 4 位となっています。ここからも継続して多くエンジニアに利用されていることが分かります。

2023 年以降、AI 関連のサービスが多数登場しました。メガクラウドにおいても、AWS Bedrock、Azure AI Services、Google Vertex AI といった新サービスを各社が提供開始していますが、これらにも Terraform は素早く対応しました。このような歴史からも、Terraform は IaC においてデファクトスタンダードであるということが窺えますね。

1.2.2 ライセンス

Terraform は、Business Source License v1.1（BSL または BUSL と略す）で公開されています。このライセンスは、オープンソースライセンスではないものの、ソースコードが利用可能であるという特徴を持っています。本番環境以外ので利用は全て許可されており、本番環境においても、多くの場合は利用が許可されています。HashiCorp の商用サービスと競合する製品への埋め込みは許可されていません。

2023 年 8 月以前においては、Mozilla Public License 2.0（MPL 2.0）のオープンソースソフトウェアとして開発、提供されていました。MPL 2.0 は、ソースコードの公開、改変、派生ソフトウェアの作成、再頒布を許可するライセンスでしたが、HashiCorp と競合する製品が多く登場し HashiCorp としてのビジネスの健全性が脅かされる可能性もあったことから変更が行われました。

OSS（Open Source Software）の定義を満たさなくなってしまうため、2023 年 8 月にリリースされた v1.5.5 より新しいバージョンについては、「コミュニティ版」という名前で提供されるようになりました。v1.5.5 以前のバージョンについては MPL 2.0 のオープンソースソフトウェアのままです。前述のように、制限が入るのは HashiCorp と競合する製品を作ろうとしたときくらいであり、通常の

---

[5] https://www.publickey1.jp/blog/23/githubjavascriptrustai13githuboctoverse_2023.html

商用利用には問題ありません。ソースコードの修正や提案も可能なため、一般的な利用方法においては差がないと考えてよいでしょう。

1.2.3　Terraform の仕組み

Terraform はコマンドラインツールです。実体は Go 言語を使って開発されたシングルバイナリになっており、Windows、macOS、Linux 向けにそれぞれバイナリが提供されています。この中心となるバイナリのことを、**Terraform Core** と呼びます。Terraform のセットアップを行ったあと、`terraform` コマンドを実行することで呼び出されます（図 1.4）。

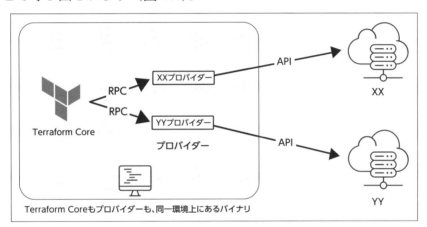

図 1.4　Terraform Core とプロバイダー、クラウド API との関係

Terraform Core は `terraform` コマンドの実行内容に応じて、インフラのコードを解釈したり、Plan を実行したり、リソースのステートを管理したりといった処理を行います[6]。

前述したように、Terraform の強みはマルチクラウドに対応している点にあります。誰もが知っているメガクラウドだけでなく、さまざまな SaaS や PaaS、現在ではオンプレミスのネットワーク機器に至るまで Terraform で構築・運用することが可能です。

---

[6] これらの処理についての具体的な説明は、今後の章で行っていきます。

次々と登場するサービスに Terraform Core だけで対応していくには困難が伴います。例えば、新しいサービスに対応するたびに新しいバージョンのバイナリにアップデートしていては、運用に支障が出てしまうことが考えられます。そこで、Terraform はプラグイン形式で機能を拡張できるようになっています。この新しいクラウドやサービスに対応していくためのプラグインのことを、**プロバイダー**と呼んでいます。例えば AWS であれば AWS プロバイダー、Google Cloud であれば Google プロバイダーといった具合に、それぞれのプロバイダーが用意されています。

プロバイダーは HashiCorp が運用している Terraform Registry というサイトで公開されており、Terraform Core は記述されたインフラのコードを解釈したうえで、必要なプロバイダーを自動的にダウンロードしてくる仕組みとなっています。つまり、何か構築したいクラウドや Web サービスがある場合、Terraform Registry で検索してプロバイダーが見つかれば、Terraform で構築可能と考えられます。また、本書では割愛しますが、自分でプロバイダーを作成することも可能です。

プロバイダーもまた、Go 言語で書かれたバイナリです。Terraform Core は、RPC（Remote Procedure Call）を経由してプロバイダーのバイナリと通信を行います。実際に環境構築を行う場合は、プロバイダーが対象となるクラウドやサービスの API にアクセスして構築を行う流れとなります。

Terraform Core・プロバイダーのどちらも、実行する端末にバイナリで存在するだけの仕組みとなっています。そのため、通信を中継するサーバーのような仕組みは不要で、スタンドアローンで実行できます。

1.3 Infrastructure as Code とは

Terraform がコンセプトとして採用している Infrastructure as Code（以下、IaC）とは、「インフラの構成をコードで管理する」という考え方です。あるべきかたちのインフラをコードで記述し、それを実行するとそのとおりにインフラが構築されます。

1.3 Infrastructure as Code とは

1.3.1 手作業によるインフラ構築の問題点

これまでのインフラ構築作業では、インフラの構成を記した設計書や台帳を元に、作業者が手作業で構築を行っていました。しかし、インフラの構成が複雑になるにつれて、設計書や台帳の管理が難しくなってしまいます。また、作業者も人間ですからミスをすることもあり、構成が大きく複雑になればミスが発生する確率も高くなります。さらに、設計書や台帳を記載するのも人間ですので、そこにミスが発生する可能性もあり、インフラ側で行った変更の実態が台帳に反映されずズレが生じることもあります（図1.5）。

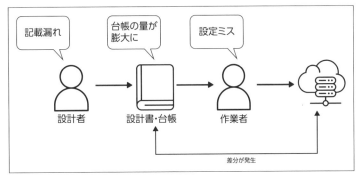

図 1.5　手動作業におけるリスク

これらのズレは、次のような原因によって発生していると考えられます。

- ワークフローの中に複数の人間が関与していること
- 設計書や台帳が実際の環境と直接リンクしていないこと

この問題を解決するために有用なのが IaC です。Terraform で利用できるコードの例をリスト1.1に示します。典型的な AWS EC2 のインスタンス作成の例です。

リスト1.1　terraform のコード例

```
# 東京リージョンを使う
provider "aws" {
```

```
  region  = "ap-northeast-1"
}

# VPCを作る
resource "aws_vpc" "main" {
  cidr_block = "10.0.0.0/16"
  tags = {
    Name = "Main"
  }
}

# Subnetを作る
resource "aws_subnet" "public" {
  vpc_id     = aws_vpc.main.id
  cidr_block = "10.0.1.0/24"

  tags = {
    Name = "Public"
  }
}

# EC2インスタンスを作る
resource "aws_instance" "test_server" {
  ami           = "ami-0f36dcfcc94112ea1"
  instance_type = "t2.micro"

  tags = {
    Name = "TestInstance"
  }
}
```

　リージョンの選択からVPCの作成、インスタンスタイプの選択など、EC2でインスタンスを立ち上げるまでに行う典型的な操作がコード化されていることがわかると思います。このように、IaCではどういうリソースをどのようなパラメー

タで作りたいかがコードのかたちで表現できます。

1.3.2　Infrastructure as Code のメリット

IaC を採用することで、次のようなメリットが得られます。

■ 自動化により、作業の効率化が図れる

インフラの構成をコード化したあと、それを実行すると、コードのとおりにツールがインフラを構築してくれます。作業者は、ツールを実行してその進捗を見守るだけで良いのです。それどころか、あとの章で解説する高度な自動化を行えば、進捗を見守る必要すらなくなります（図 1.6）。

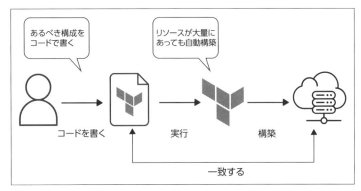

図 1.6　IaC によるメリット

人間が手作業で構築作業を行う場所はほとんどなくなり、作業効率は飛躍的に高まります。

■ 人的なミスを減らせる

IaC において書いたコードは、実際のインフラと直接リンクしている「動くコード」です。コードに書かれたリソースは書いたとおりに構築されますし、書かれていないリソースには影響を与えません。そのため、台帳に書かれているのに実際には構築されていない、もしくは台帳にはないパラメータが設定されているといったズレの発生可能性を減らせます。

手作業で発生するミスの大半は、うっかりミスです。例えばパラメータの数字

を 1 桁間違えたり、無効な値を入力してしまったり、値を入力したものの保存をし忘れたり。IaC であれば、このようなミスの発生を防ぐことができます。

■ 再利用性が高まる

コードで管理することにより再利用性が高まります。手作業であれば、作業手順を記録していたとしてもリソースを作成するたびに同じ作業をしなくてはいけません。しかし、コードにしておけば、同じコードを実行すれば同じリソースがもう一度作成されますし、複製して必要なパラメータだけ変更して再利用することも容易です。また、Terraform であれば「モジュール」というコードの再利用を促進する機能もありますので[7]、より効率的な再利用が可能になります（図 1.7）。

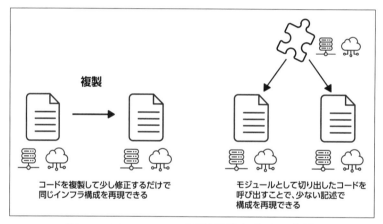

図 1.7　Terraform で再利用性を高める方法

■ バージョニングが容易になる

いうなれば、IaC はアプリケーション開発者が普段から行っていることをインフラ構築にも応用しようというものです。そのアプリケーション開発者が行っていることのひとつにバージョニングがあります。バージョニングとは、ソースコードの変更履歴を管理することであり、Git に代表されるようなバージョン管理システムを使って行います。

---

[7] 本書では第 6 章で解説します。

ソースコードの変更履歴を管理することで、変更前の状態にソースコードを戻したり、変更前の状態と変更後の状態の差分を確認したりできます。GitHub のようなサービスを活用することで、チーム内での共有やコードレビューも行いやすくなります（図 1.8）。

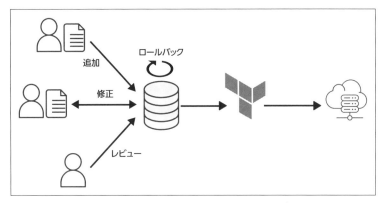

図 1.8　コードのバージョニング

■ 検証可能性

コードでインフラが記述されているということは、コードを確認するだけでそのインフラを検証できることを意味します。例えば、現在どのようなインフラが構成されているかを、実環境だけでなくコードを読むことで理解できますし、静的解析ツールを使って構成上の問題点をチェックすることもできます。インフラの費用見積もりを出力するサービスなどもあります。

重要なのは、これらをインフラの構築前に行える点です。手作業であれば構築したあとに問題の確認と修正を行う必要がありますが、事前にチェックを行うことで先に問題点を発見して修正できます。これは、セキュリティの観点でも非常に重要なポイントになります。

1.3.3　HashiCorp Configuration Language

Terraform では、インフラを記述するコードとして HashiCorp Configuration Language（HCL）を使用します。HCL は、Terraform のみでなく、HashiCorp

第 1 章　Terraform 概要

のツールである Consul や Packer でも使用されています。

■ ツール間で汎用に利用できる言語

　HCL を利用した HashiCorp の Vault サーバーのコンフィグ例を示します（リスト 1.2）。リスト 1.1 と同様の文法であることがわかると思います。

リスト 1.2　Vault サーバーのコンフィグを HCL で行う例

```
ui            = true
cluster_addr  = "https://127.0.0.1:8201"
api_addr      = "https://127.0.0.1:8200"
disable_mlock = true

storage "raft" {
  path = "/path/to/raft/data"
  node_id = "raft_node_id"
}

listener "tcp" {
  address      = "127.0.0.1:8200"
  tls_cert_file = "/path/to/full-chain.pem"
  tls_key_file  = "/path/to/private-key.pem"
}

telemetry {
  statsite_address = "127.0.0.1:8125"
  disable_hostname = true
}
```

■ HCL の文法の特徴

　コードと言われてまず思い浮かべるのは、一般的な「プログラミング言語」でしょうか。C や C#、Java、Python などですね。また、YAML や JSON を思

い浮かべる人もいるでしょう。これらは、データ構造をシリアライズするためのフォーマットです。

HCLは、プログラミング言語ではありませんし、シリアライズ形式でもありません。HCLは、Terraformの設定ファイルを記述するためのDSL（Domain Specific Language）と呼ばれるカテゴリの言語です（図1.9）。

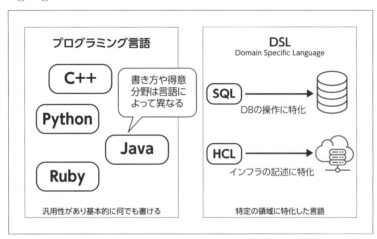

図1.9　プログラミング言語とDSLの違い

「ドメイン記述言語」とはつまり特定の領域に特化した言語のことを言います。代表的な例としてはSQLが挙げられます。SQLはStructured Query Languageの略で、データベースに対する操作を記述するための言語です。利用した経験のある方も多いでしょう。SQLでは汎用的なプログラミングはできませんが、データベースに対する操作を記述するには十分な機能があり、シンプルな記述が可能です。こういった、特定の領域（ドメイン）を扱いやすくするために専用設計された言語がDSLというわけです。

HCLは、インフラの構成を宣言的に記述することに特化された設計がなされています。IaCは汎用的なプログラミング言語でも、YAMLのようなシリアライズ形式でも実現可能ですし、実際それぞれにIaCツールでの採用例があります。しかし、それぞれにメリット、デメリットが存在します。

汎用プログラミング言語

◆ メリット

- 柔軟な記述が可能
- プログラマーが慣れ親しんだ言語で記述できる
◆ デメリット
- ひとつの構成を実現するために、無数の書き方が存在してしまう（コードのレビューが難しくなる）
- 過度な柔軟性により、バグが発生しやすくなる

■ シリアライズ形式
◆ メリット
- シンプルな記述が可能
- テキストエディタや IDE による補完や構文チェックが可能
◆ デメリット
- 柔軟性に欠ける。繰り返しの表現やコードの再利用が難しい
- 型が存在しないため、静的な解析がやや困難

　HCL は、これら双方のいいとこ取りを目指して設計されています。まず、複雑さが排除されたシンプルな記述が可能なため、誰が書いたとしてもだいたい同じコードになります。これは知識の平準化やコードレビューの正確性を担保するためにも重要なポイントです。一方で柔軟性も兼ね揃えており、変数のサポートにより実行時に与える値によって構成を変更したり、1 つのコードから複数の構成を生成することも可能です。インフラの構築ではよくある、「同じパラメータで複数のインスタンスを作成したい」といった要求にも、容易に応えることができます。

1.4 その他のツールとの違い

　IaC を実現するツールは、Terraform 以外にも複数存在します。システム構築を自動化するツールとして、OSS では Ansible や Chef、Puppet が有名です。また、各クラウドベンダーが提供する IaC ツールとしては、AWS の CloudFormation や Azure の Azure Resource Manager、Google Cloud の Google Cloud Deployment Manager があります。

これらのツールとの違いを比較してみましょう。

1.4.1 他のOSSとの違い

AnsibleやChef、PuppetはIaCを実現するうえで人気のツールです。Terraformが登場するよりも前から存在するツールが多く、読者の中にもこれらのツールを利用したことがある方が多いのではないかと思います（表1.1）。

ツール	記述言語	開発元	リリース年
Ansible	YAML	RedHat	2012年
Chef	Chef DSL	Chef Software	2009年
PuppetType	Puppet DSL	Puppet Labs	2005年

表1.1　構成管理ツールの比較

IaCと聞くと、Terraformと競合するのではないか、ツールの乗り換え作業が必要なのではないかと思うかもしれません。しかし、実際のところAnsibleやChef、PuppetはTerraformとは異なる目的で設計されており、それぞれのツールが持つ特徴を理解しておくことで適切に使い分けることができます。

もっとも大きな違いは、Terraformが**プロビジョニングツール**であるのに対し、AnsibleやChef、Puppetは**構成管理ツール**であるという点です。プロビジョニングツールは、インフラの構築（プロビジョニング）を自動化することに重きを置いているのに対し、構成管理ツールは、すでにあるインフラの状態を管理することに重きを置いています（図1.10）。

目的の他に、記述のアプローチにも大きな違いがあります。Terraformは**宣言型**と呼ばれるアプローチを取っています。これは、インフラの「あるべきかたち」をコードに記述するという手法です。詳しくは以降の章で解説しますが、Terraformを利用する場合は「構築したい対象のインフラ構成」がそのままコードに現れると考えてください。

何度実行しても最終結果が同じになる性質のことを冪等性（べきとうせい）と呼びますが、宣言型のアプローチはその冪等性を担保しやすい特徴があり、実際Terraformは冪等性を保証するための設計がなされています。

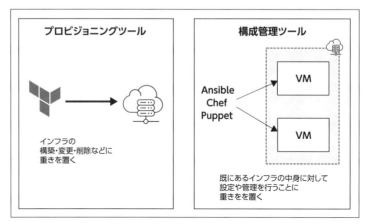

図 1.10　プロビジョニングツールと構成管理ツールの違い

　その一方で、Ansible や Chef、Puppet は**手続き型**のアプローチを採用しています。インフラを構築するために必要となる手順をコードで記述していくという手法です。手動で行っている作業をそのままコードに落とし込むというかたちが取れるため、普段インフラを構築している人が作業を自動化するという観点では、直感的に取り組みやすいという特徴があります（図 1.11）。

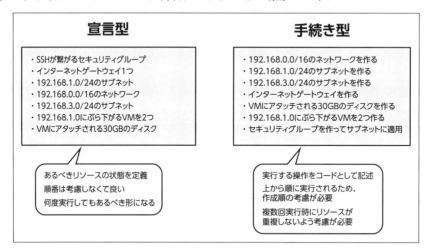

図 1.11　宣言型と手続き型の違い

　一方で、手続き型のアプローチは冪等性を担保しにくいという欠点もあります。

あるべきかたちが宣言されているのではなく、あくまでも手順が並んでいるだけになるため、そのまま実行するとリソースが2重に作成される可能性や、実行するたびに結果が異なってしまうということが起こりえます。もちろん、必ずしもリソースが重複するとは限らず、きちんと考慮した設計を行うことで冪等性を担保することも可能です。しかし、冪等性を考慮しなくても自然と担保される宣言型とはアプローチが異なることを理解したうえで利用する必要があります。

このように、TerraformとAnsible、Chef、Puppetはツールとしての目的が異なる他、採用しているアプローチも異なります。得意とする領域も異なるため、単純に比較できるものではないという点を理解しておきましょう。Terraformを使ってインフラの構築を行い、構築されたサーバー等に対してAnsibleで設定を行うという組み合わせも一般に行われています。目的に合わせてツールを選択することが大切です。

1.4.2　クラウドの構築自動化ツールとの違い

AWSのCloudFormation、Azure Resource Manager、Google Cloud Deployment ManagerもTerraformと比較されることの多いサービスです。これらは、それぞれAWS、Azure、Google Cloudの各ベンダーが、自身のプラットフォームでIaCを実現するために提供しているサービスです。

前項ではAnsible、Puppet、ChefはTerraformと目的が異なるツールと書きましたが、これらのサービスはTerraformと同じく宣言型でインフラを記述でき、冪等性を担保できます。目的やアプローチという観点では同じと考えられるでしょう（表1.2）。

ツール	記述言語	開発元	対応インフラ
Terraform	HCL	HashiCorp	多数
CloudFormation	YAML	AWS	AWS
Azure Resource Manager	JSON	マイクロソフト	Azure
Google Cloud Deployment Manager	YAML	Google Cloud	Google Cloud

表1.2　プロビジョニングツールの比較

第 1 章　Terraform 概要

　Terraform の差別化ポイントとしては、次の 2 点が挙げられます。

- ◆ マルチクラウドへの対応
- ◆ 記述言語の違い

　本章で解説したように、Terraform はプロバイダーの仕組みによりマルチクラウドに対応しています。各クラウドベンダーのツールではそれぞれのクラウドにしか対応していないため、複数のクラウドを同時に設定するといった作業は不可能です。Terraform であれば、複数のクラウドを同じ記法で設定できますし、パブリッククラウド以外、例えば SaaS やオンプレミスの機器に対しても同じかたちで設定可能です。

　また、記述言語も異なります。前述したように、Terraform が採用している HCL はインフラの記述に特化した言語であり、シンプルな記法で効率良く記述できます。一方で、各ベンダーのツールは YAML や JSON といった汎用の記述言語を採用しています。一般的に利用される言語のため、さまざまなエディタで利用できますが、インフラ向けに作られているわけではないため記述が冗長になったり、読みづらくなったりという課題があります。

　各ベンダーのツールを使うメリットとしては、Terraform で対応していないサービスにも対応していたり、新サービスに素早く対応できるなどの点が挙げられます。また、公式ツールであるため、ベンダーからの情報が得られやすいというメリットもあるでしょう。ですが、実際のところは各ベンダーとも Terraform 向けの情報発信を行っていたり、連携をサポートしていたりするため、ほとんど困ることなく Terraform で設定することが可能です。

　次章以降は、実際に触ってみながら Terraform にチャレンジしていきましょう！まずは、Docker を使った環境構築について紹介していきます。Terraform のコマンドやコードの書き方、実行の流れなど、基本的な使い方を一通り説明します。

第2章
Terraform の基本的な操作

「習うより慣れろ」ということわざがあるとおり、物事を身につけるための最も早い方法は、実際に動かして試してみることです。本書を手に取った読者の方には、ぜひ Terraform を使ってさまざまな環境を効率良く構築してもらいたいと思っています。

しかし、クラウド環境を今すぐ用意するのが、費用面や社内の申請の面で難しい方もいるかもしれません。そこで本章では、手元の Docker に対して環境構築を行います。Terraform はクラウド環境の構築に利用されることが多いツールですが、クラウド環境しか構築できないということではありません。API を提供しているシステムであれば、たとえローカルの仕組みでも構築可能です。

Docker を使うことで、費用をかけることなく手元の環境のみで Terraform の一連の操作を体験できます。

2.1 本章で構築する構成と目的

本章では、Terraform を使って Docker 上に Nginx を構築します。一般的に Docker でコンテナの立ち上げを行う場合、docker コマンドや「docker compose」コマンドを利用しますが、Terraform を使って構築することも可能です。まず、図 2.1 のような構成で環境を構築し、その後、構築した環境にアップデートを行います。問題なくアップデートを行えることを確認したあと、環境を削除します。

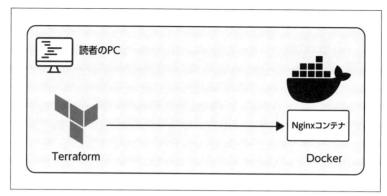

図 2.1　本章で構築する構成

　構築→アップデート→削除という一連のフローを体験することで、Terraform を使った環境運用の基礎を学べるでしょう。

2.1.1　Terraform のセットアップ

　まずは Terraform のセットアップを行います。Terraform の本体は 1 つのバイナリからなるコマンドラインツールです。公式サイトからダウンロードしてパスの通っている場所に設置するだけで利用可能ですが、Terraform のアップデートに追従していくためには、パッケージマネージャーを利用したインストールを行うことをお勧めします。macOS であれば Homebrew、Ubuntu/Debian であれば apt コマンドなどを利用します。

　各環境向けのセットアップ方法は、Terraform の公式サイトで確認できます。本書では、macOS を利用する場合と、Ubuntu/Debian を利用する場合（WSL2 含む）について解説します。

■macOS の場合

macOS で利用する場合は、Homebrew を利用してインストールするのがお勧めです[1]。

Homebrew のセットアップが完了している場合は、次のコマンドで Terraform のインストールを行います。

```
$ brew tap hashicorp/tap
$ brew install hashicorp/tap/terraform
```

■Ubuntu/Debian の場合

Ubuntu/Debian で利用する場合は、apt を利用してインストールするのがお勧めです。

```
$ wget -O- https://apt.releases.hashicorp.com/gpg | gpg --dearmor | sudo \
  tee /usr/share/keyrings/hashicorp-archive-keyring.gpg
$ echo "deb [signed-by=/usr/share/keyrings/hashicorp-archive-keyring.gpg] \
  https://apt.releases.hashicorp.com $(lsb_releases -cs) main" | sudo tee \
  /etc/apt/sources.list.d/hashicorp.list
$ sudo apt update && sudo apt install terraform
```

■コマンドの確認

terraform コマンドを実行し、内容が表示されればインストールは成功しています。

```
$ terraform -v
Terraform v1.6.6
on linux_amd64   ← この値は環境によって異なる
```

---

[1] Homebrew のセットアップは公式サイト（https://brew.sh）を参照してください。

■タブ補完の設定

必須ではありませんが、タブ補完を有効にしておくと便利です。次のコマンドで有効にできます。設定を反映するには、ターミナルの再起動が必要です。

```
$ terraform -install-autocomplete
```

再起動後、「terraform a」まで入力しタブキーを押すと、「terraform apply」とコマンドが補完されるはずです。

2.1.2 Dockerの準備

Terraformのセットアップが終わったら、次にDockerの準備を行います。

Dockerのインストールの方法は環境などによりさまざまです。環境に応じたDocker Desktopのダウンロードとインストールを行ってください。ここではDockerの公式ドキュメントを紹介しておきます。

Install Docker Engine
https://docs.docker.com/engine/install/

すでにDocker Desktopを利用中の場合は、新たにインストールを行う必要はありません。

「docker ps」コマンドを実行し、エラーなく表示されればDockerのインストールは成功しています。

```
$ docker ps
  CONTAINER ID    IMAGE
```

2.2 リソースを作成する

TerraformとDockerの準備が終わったので、早速Terraformを実行してDockerにコンテナを作成してみましょう。

2.2.1 TFファイルの作成

まずは、コードを管理するためのディレクトリを作成し、その中に`main.tf`という空ファイルを作成します。

```
$ mkdir chapter2
$ cd chapter2
$ touch main.tf
```

第1章でも説明しましたが、TerraformではHCL（HashiCorp Configuration Language）という言語を用いて環境の構築を行います。Terraformは実行しているカレントディレクトリにある`.tf`拡張子を持つファイルを読み込むようになっています。この拡張子であればどんなファイル名であっても構いませんが、あとから読む人のことを考えると、何らかの規則性があったほうがわかりやすいでしょう。そこで、`main.tf`ファイルを作成し、それを中心に構成していくことがベストプラクティスとされています[2]。

テキストエディタで`main.tf`を開き、次のようなコードを記述してください。

リスト2.1　main.tf

```
1:  terraform {
2:    required_providers {
3:      docker = {
4:        source  = "kreuzwerker/docker"
```

---

[2] `main.tf`以外で作成すべきファイルについては後述します。

```
 5:       version = ">= 3.0.0"
 6:     }
 7:   }
 8: }
 9:
10: provider "docker" {
11:   host = "unix:///var/run/docker.sock"
12: }
13:
14: resource "docker_image" "nginx" {
15:   name         = "nginx:latest"
16:   keep_locally = true
17: }
18:
19: resource "docker_container" "nginx" {
20:   image = docker_image.nginx.image_id
21:   name  = "tutorial"
22:   ports {
23:     internal = 80
24:     external = 8000
25:   }
26: }
```

`main.tf` は Terraform の Docker プロバイダーを使いローカルに Nginx のコンテナを起動し、ポート 8000 番でアクセスを待つようにするというものです。詳しい内容は次の節で解説しますので、まずはこの `main.tf` を環境に適用するまでの操作を確認しましょう。また HCL はタブなどのインデントに比較的寛容な言語ですが、コマンドによる整形の方法もあります。この方法についても後ほど説明します。

2.2.2 初期化 — terraform init —

`main.tf` の編集が終わったら、「`terraform init`」コマンドを実行します。

2.2 リソースを作成する

```
$ terraform init
```

このコマンドでは、.tfファイルの記述を元に次のような初期化処理を行います。

- ◆ プロバイダーのインストール
- ◆ バックエンドの初期化設定
- ◆ モジュールのインストール

今回は、main.tfの記述に従って、プロバイダーのインストールが実行されています[3]。「terraform init」を実行していないと必要な環境が手元に揃っていないことになり、その後のコマンド実行時にエラーが出ます。新規にコードを書いた場合は忘れずに実行しておきましょう。何度実行しても問題ありません。

main.tfではDockerプロバイダーを利用しますので、initコマンドを実行した段階でディレクトリ内にセットアップが行われます。.terraformフォルダが作成され、その中に利用するプロバイダーがセットアップされます。

```
$ tree .terraform/
.terraform/
└── providers
    └── registry.terraform.io
        └── kreuzwerker
            └── docker
                └── 3.0.2
                    └── darwin_arm64
                        ├── CHANGELOG.md
                        ├── LICENSE
                        ├── README.md
                        └── terraform-provider-docker_v3.0.2
```

---

[3] バックエンドの初期化設定については第5章で、モジュールについては第6章で解説します。

2.2.3 構築 — terraform plan —

次に、「terraform plan」コマンドを実行してみましょう。このコマンドでは、何がどう追加・変更されるかの構築プランが表示されます。もしも想定しないリソースの追加や削除が行われていたり、文法のミスによりエラーが起きている場合はここで気づくことができます。Terraform のコードを書いている際には頻繁に利用するコマンドです[4]。

```
$ terraform plan

Terraform used the selected providers to generate the following execution plan.
Resource actions are indicated with the following symbols:
+ create

Terraform will perform the following actions:
  # docker_container.nginx will be created
  + resource "docker_container" "nginx" {
      + attach           = false
      + bridge           = (known after apply)
      + command          = (known after apply)
      + container_logs   = (known after apply)
(中略)

Plan: 2 to add, 0 to change, 0 to destroy.
```

2.2.4 実行 — terraform apply —

それでは、「terraform apply」コマンドを実行してコンテナを立ち上げてみましょう。構築される環境の情報が表示された後、実行して良いかどうか確認を求められるので、yes を入力してください。「Apply complete!」と表示された

---

[4] Docker を利用するために権限が必要な場合は、ユーザーに与えておきます。

2.2 リソースを作成する

ら成功です。

```
$ terraform apply

Terraform used the selected providers to generate the following execution plan.
Resource actions are indicated with the following symbols:
 + create

Terraform will perform the following actions:

  # docker_container.nginx will be created
  + resource "docker_container" "nginx" {
      + attach           = false
      + bridge           = (known after apply)
      + command          = (known after apply)
      + container_logs   = (known after apply)
 (中略)
Plan: 2 to add, 0 to change, 0 to destroy.

Do you want to perform these actions?
  Terraform will perform the actions described above.
  Only 'yes' will be accepted to approve.

  Enter a value: yes    ← yesを入力


docker_image.nginx: Creating...
docker_image.nginx: Creation complete after 0s [id=sha256:760b7cbba31e196288eff
d2af6924c42637ac5e0d67db4de6309f24518844676nginx:latest]
docker_container.nginx: Creating...
docker_container.nginx: Creation complete after 0s [id=6140fde940dd4cc2b3221e20
cbdb901db7c5eecd06ebfa1bc127e0cc9d66b807]

Apply complete! Resources: 2 added, 0 changed, 0 destroyed.
```

「docker ps」コマンドで、動作しているコンテナを確認してみましょう。tutorialコンテナが動作していてポート8000で待ち受けをしているはずです。

```
$ docker ps
CONTAINER ID    IMAGE           COMMAND                 CREATED
STATUS          PORTS                   NAMES
6140fde940dd    760b7cbba31e    "/docker-entrypoint.…"  2 minutes ago
Up 2 minutes    0.0.0.0:8000->80/tcp    tutorial
```

ブラウザでhttp://localhost:8000/を開くと、Nginxの画面が表示されます。これで正しくDockerコンテナが立ち上がっていることが確認できました（図2.2）。

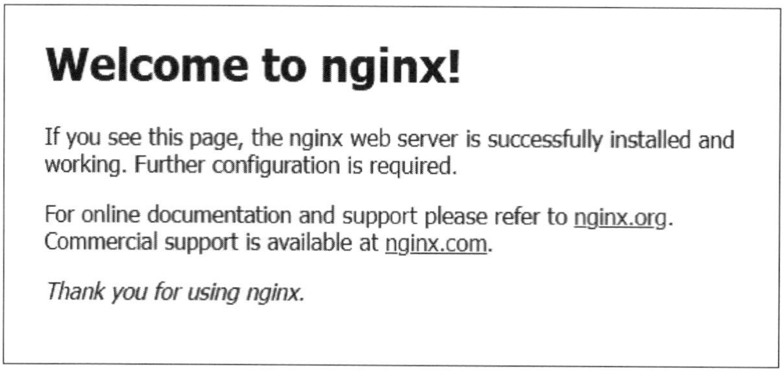

図2.2　Nginxの動作を確認

2.3 コードを読み解く

「docker run」や「docker compose」を使うことなく、Dockerコンテナの実行ができました。どうしてこのようなことができたのでしょうか？　その謎を解くために、先に作成したmain.tfファイルを読み解いてみましょう。

2.3.1 terraform ブロック

`main.tf` は、次のコードから始まります。

```
1: terraform {
2:   required_providers {
3:     docker = {
4:       source  = "kreuzwerker/docker"
5:       version = ">= 3.0.0"
6:     }
7:   }
8: }
```

まずは 1 行目から 8 行目を見てみましょう。terraform から始まる一連の設定を、terraform ブロックと言います。terraform ブロックでは、次に挙げるような Terraform 自体の設定や依存関係の設定を行うことができます。

◆ プロバイダーへの要求事項の設定
◆ HCP Terraform の設定（第 5 章で解説）
◆ ステートファイルの HCP Terraform への移行（第 5 章で解説）

今回は `required_providers` ブロックを terraform ブロックにネストすることで、プロバイダーへの要求事項を設定しています。Terraform Registry[5] というサイトで公開されている kreuzwerker/docker というプロバイダーを、docker という名前で利用しますよ、という宣言をしているのです。5 行目では、そのプロバイダーのどのバージョンを使うかという指定をしています。>= 3.0.0 とありますので、バージョン 3.0.0 以上を使うという意味になりますね。

---

[5] https://registry.terraform.io/

2.3.2 provider ブロック

次に 10 行目から 12 行目を見てみましょう。ここでは、provider ブロックを利用して docker プロバイダーの設定を行っています。今回の場合は、host でローカル環境の Docker を使う設定を行っています。

```
10: provider "docker" {
11:   host = "unix:///var/run/docker.sock"
12: }
```

どのような設定ができるかはプロバイダーによって異なります。Terraform Registry のサイトから、利用するプロバイダーのドキュメントを参照することで設定可能な項目を調べることができます。今回利用している docker プロバイダー[6]のドキュメントにアクセスし、設定可能な項目を調べてみるのも良いでしょう。

2.3.3 resource ブロック

Terraform を利用して環境を構築する際にもっとも基本的な構成要素となるのが resource ブロックです。次のような文法からなります。

```
resource "<リソースタイプ名>" "<ローカルリソース名>" {
  <引数名> = <値>
  <引数名> = <値>
  ...
}
```

resource ブロックは、1 つないしは複数のインフラオブジェクトを記述するためのものです。具体例として、main.tf の 14 行目から 17 行目を見てみましょ

---

[6] https://registry.terraform.io/providers/kreuzwerker/docker/latest/docs

2.3 コードを読み解く

う。`docker_image`リソースを宣言することで、Docker上で利用するコンテナイメージを定義しています。

```
14: resource "docker_image" "nginx" {
15:   name         = "nginx:latest"
16:   keep_locally = false
17: }
```

この`docker_image`リソースタイプは、先ほど読み込んだ`kreuzwerker/docker`プロバイダーによって提供されたものです。このリソースにより、Docker上に`nginx:latest`タグが付いたコンテナイメージがダウンロードされます。`nginx`というローカルリソース名が付いており、Terraform内部ではその名称で参照できます。

ローカルリソース名は一連のTerraformの構成ファイルの中で一意である必要があります。重複した値を設定することはできません。

次に、19行目から26行目を見てみます。ここでは、`docker_container`リソースを利用して、Dockerコンテナの宣言をしています。この記述により、Docker上にコンテナを立ち上げられるわけです。

```
19: resource "docker_container" "nginx" {
20:   image = docker_image.nginx.image_id
21:   name  = "tutorial"
22:   ports {
23:     internal = 80
24:     external = 8000
25:   }
26: }
```

20行目を見てみましょう。ここで指定している`image`引数は、立ち上げるコンテナで利用するイメージを指定するものです。ここに`"nginx:latest"`と直接文字列を指定することもできますが、今回は、14行目から17行目で作成した

`docker_image` リソースを指定しています。＜リソースタイプ名＞.＜ローカルリソース名＞というかたちで、他のリソースの値を参照できます。

また、`name` 引数でコンテナの名前を指定している他、`ports` ブロックを使って、コンテナで利用するポートを指定しています。`docker_container` リソースで利用可能な引数については、ドキュメント[7]で確認してみてください。

2.3.4 構成されるインフラオブジェクト

「`terraform apply`」を実行した結果、図2.3のようなオブジェクトがDocker上に作成されました。Terraformで宣言したリソースに対応するかたちでオブジェクトが作成されたことがわかるでしょう。

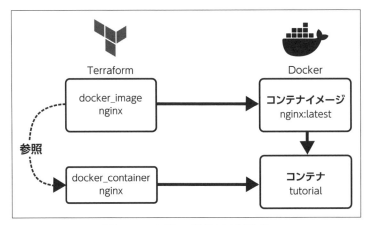

図2.3　本章で構築する構成

2.4 構築された環境を読み解く

これまでの操作によって、TerraformでDockerに対してコンテナイメージやコンテナの実行が行えることがわかりました。ところで、作成されるのは構築対

---

[7] https://registry.terraform.io/providers/kreuzwerker/docker/latest/docs/resources/container

2.4 構築された環境を読み解く

象のインフラだけなのでしょうか？ じつは、Terraform実行後には、構築対象だけでなく構築元となった環境にも変化が起きています。

2.4.1 生成されたファイルの確認

「terraform apply」の実行後、手元の環境のどのような変化が起きているのでしょうか。次のコマンドを実行してみましょう。

```
$ ls -al
total 28
drwxr-xr-x 3 jacopen jacopen 4096 Aug 28 19:15 .
drwxr-xr-x 3 jacopen jacopen 4096 Aug 28 19:12 ..
-rw-r--r-- 1 jacopen jacopen  391 Aug 28 19:13 main.tf
drwxr-xr-x 3 jacopen jacopen 4096 Aug 28 19:13 .terraform
-rw-r--r-- 1 jacopen jacopen 1339 Aug 28 19:13 .terraform.lock.hcl
-rw-r--r-- 1 jacopen jacopen 4424 Aug 28 19:15 terraform.tfstate
```

作成したmain.tfだけでなく、いくつかのファイルやフォルダが作成されていることがわかります。これらは、いつ何のために作成されたのでしょうか。

2.4.2 ステートファイルとは

まずは、terraform.tfstateというファイルをテキストエディタで開いてみましょう。次のような項目が記載されているはずです。

リスト2.2　terraform.tfstate

```
1:  {
2:      "version": 4,
3:      "terraform_version": "1.6.6",
4:      "serial": 11,
5:      "lineage": "688e06ac-3fe5-8a94-5a93-bc1723a72aa8",
6:      "outputs": {},
7:      "resources": [
```

```
 8:        {
 9:          "mode": "managed",
10:          "type": "docker_container",
11:          "name": "nginx",
12:          "provider": "provider[\"registry.terraform.io/kreuzwerker/docker\"]",
13:          "instances": [
14:            {
15:              "schema_version": 2,
16:              "attributes": {
17:                "attach": false,
    (中略)
46:              "id": "6140fde940dd4cc2b3221e20cbdb901db7c5eecd06ebfa1bc127e0cc9d66b807",
47:              "image": "sha256:760b7cbba31e196288effd2af6924c42637ac5e0d67b4de6309f245188
48:  44676",
    (以下略)
```

とても長いのでほとんど略してしまっていますが、何やら JSON 形式でさまざまな情報が出力されていることがわかります。これは**ステートファイル**と言い、Terraform が構築・管理している対象のインフラに関する状態を保存するためのファイルです。

このステートファイル、一体何のために作られているのでしょうか？

■実際の環境と Terraform の紐付け

ステートファイルの第一の目的、それは実際の環境と Terraform の紐付けです。先ほどの `terraform.tfstate` を見てみましょう。まず、8 行目以下に記述されているのは `docker_container` リソースで作成したインフラの状態です。10 行目と 11 行目で `nginx` という名前の `docker_container` を指していることが確認できますね。次に、46 行目を見てみましょう。"id"というキーで何やら文字列が記載されています。こちらは、Docker 上で生成されたコンテナの ID です。

実際に Docker 側を確認してみます。

CONTAINER ID	IMAGE	COMMAND	CREATED
STATUS	PORTS	NAMES	

```
6140fde940dd    760b7cbba31e    "/docker-entrypoint.…"    3 minutes ago
Up 3 minutes    0.0.0.0:8000->80/tcp    tutorial
```

「CONTAINER ID」が6140fde940ddとなっていますね。IDが短縮されていますが、ステートファイル側の6140fde940dd4cc2b3221e20cbdb901db7c5eecd06ebfa1bc127e0cc9d66b807の先頭文字列と一致していることがわかるでしょう。つまり、TFファイル側でdocker_container.nginxと宣言したファイルの実体は、Docker上の6140fde940ddというIDのコンテナであるという紐付けをしているのです。ステートファイルでは、Terraformで作成した全てのリソースに対して、このような紐付けが行われます（図2.4）。

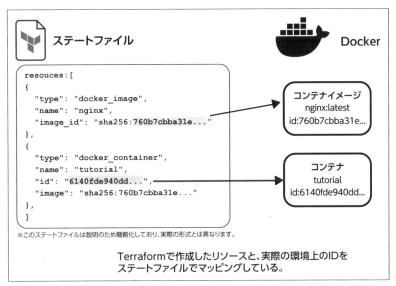

図2.4　ステートファイルで実際のリソースと紐付けを行う

■メタデータの格納

ステートファイルの2つ目の目的が、メタデータの格納です。リソースを管理するにあたっては、リソースのIDと宣言を紐付けるだけでなく、その他の付加情報も必要となるケースがあります。

例としては依存関係が挙げられます。今回のケースですと、docker_container

リソースは `docker_image` リソースの情報を参照しています。つまり、この2つのリソースには依存関係があります。`docker_container` が作成されるよりも前に `docker_image` が作成される必要があり、削除を行う場合は、先に `docker_container` を削除してから `docker_image` を削除します。

今回は Docker プロバイダーだけしか利用していませんが、今後複数のプロバイダーを利用したり、1つのプロバイダーに別名を付けて利用するといったケースもあり、そうなると依存関係はとても複雑になります。

Terraform はステートファイルにそのような依存関係を保存しておくことで、利用者が依存関係を細かく把握しなくとも最適な管理を自動で行えるようにしています。

■パフォーマンス向上

ステートファイルの目的の3つ目は、パフォーマンスの向上です。

Terraform は、変更がないリソースに対しては何も行わなず、変更があったリソースのみインフラへのリクエストを行う仕組みになっています。例えば、今回作成した `docker_container` には利用ポートの変更を行い、`docker_image` には何の変更も行わないというケースを考えてみましょう。Terraform は、`docker_container` の変更のリクエストだけを Docker に送ることになります。変更がないことを確認するには、Docker 側に現在の状態を問い合わせたうえで差分を検出する必要があります。小規模な環境であればこれでも良いのですが、大規模な環境で大量のリソースを管理している場合、Terraform の実行を行うたびに大量のリクエストがインフラ側に飛ぶことになります。

ステートファイルの場合、実行の都度インフラ側に問い合わせるのではなく、ファイルの情報を比較することでリクエスト量を減らすことができるのです。いわゆるキャッシュとしての活用ができるというわけですね。

2.4.3 ステートファイルの管理について

このステートファイル、「Terraform を利用するにあたってもっとも重要」と言って差し支えないファイルです。取り扱いには細心の注意が求められるため、

ファイルを手動で削除したり編集したりしないようにしましょう。

　先ほど解説したとおり、ステートファイルはTerraformで作成したリソースと、実際の環境上のIDを紐付けています。仮にステートファイルがなくなったとすると、「実際の環境上には存在しているが、Terraform的には存在しないリソース」という状況が生まれてしまいます。その状態で「`terraform apply`」を走らせるとどうなるでしょうか？　Terraformとしてはリソースが存在しない認識ですが実際の環境上には存在しているため、リソースがコンフリクトしてエラーとなったり、二重に作成されたりという状況に陥ります。

　作成したリソースが少数であれば、既存リソースを削除したり編集したりという対処が可能ですが、仮に数千のリソースをTerraformで作成していたとすると、手動で対処していくことは困難を伴います。そうならないように、ステートファイルの管理には細心の注意を払いましょう。

　また、チームでTerraformを運用する場合は、まずどのようにステートファイルを共有するかを検討する必要があります。Aさんが作成したステートファイルをBさんが所持していない状態で「`terraform apply`」を実行すれば、ステートファイルの紛失時と同じ問題が発生します。

　チームにおけるTerraform運用の改善については、第5章で詳しく解説していますのでそちらをご覧ください。また、ステートファイルの高度な操作や運用についての詳細は、付録で解説します。

2.5　変数を利用する

　これまでは、必要なパラメータを全てハードコードするかたちで設定を行っていました。しかし、Terraformは変数を使うことにより、設定する値を別の方法で渡したり、あとから差し込むこともできるようになります。柔軟な記述のためには欠かせない要素です。今回は、変数を利用して一部のパラメータを設定してみましょう。

2.5.1 変数の宣言

変数を利用するには、まず変数を宣言する必要があります。`main.tf` ファイルに変数を宣言するためのコードを追加します。

```
28: variable "container_name" {
29:   default     = "tutorial"
30:   type        = string
31:   description = "The name of the container"
32: }
```

今回追加したのは、`variable` ブロックです。このブロックを用いて変数を宣言しておきます。`variable` ブロックには、いくつかのパラメータを設定できます。

default：変数に値が設定されていない場合に利用する値
type：変数の型
description：変数の説明
validation：値のバリデーション
sensitive：センシティブな値（パスワードなど）であることを示すフラグ
nullable：null を許容するかどうかのフラグ

いずれもオプショナルなパラメータで、省略しても構いません。今回は `default` と `type`、`description` を設定しています。

2.5.2 変数の利用

それでは、宣言した変数を利用してみましょう。`docker_container` の `name` に変数を利用するように変更します。

```
19:   resource "docker_container" "nginx" {
20:     image = docker_image.nginx.id
21:     name  = var.container_name   ← この部分を変更
```

```
22:     ports {
23:       internal = 80
24:       external = 8000
25:     }
26: }
```

`var.`変数名というかたちで、変数を呼び出すことができます。変数を利用することで、`main.tf`ファイルの中でハードコードしていた値を変更できるようになりました。

2.5.3 変数の設定

さて、実際の構築時に渡す変数の値はどのように設定するのでしょうか。いくつかの設定方法が提供されています。

- ◆ 環境変数
- ◆ terraform.tfvars
- ◆ terraform.tfvars.json
- ◆ *.auto.vars もしくは *.auto.vars.json
- ◆ -var および -var-file オプション

優先順位は下に行くほど高くなります。したがって、-var で設定した値がもっとも優先され、もしオプションがなければ *.auto.vars ファイル、次に `terraform.tfvars.json` の順に値が利用されます。

それぞれの設定方法について説明します。

■ 環境変数として渡す

Terraform 実行環境の環境変数として設定する方法です。この場合、 TF_VAR_変数名というかたちで環境変数を設定します。

```
$ export TF_VAR_container_name="my-container-via-env"
$ terraform plan
```

`plan` の結果、`docker_container` の `name` には、`my-container-via-env` という値が設定されていることが確認できるでしょう。

■ `terraform.tfvars` を利用する

`terraform.tfvars` というファイルを作成し、変数を設定します。このファイルは、`main.tf` と同じディレクトリに配置します。次の内容を記述してください。

リスト 2.3　terraform.tfvars

```
container_name = "my-container-via-tfvars"
```

この後「`terraform plan`」を行うと、`my-container-tfvars` という値が設定されることを確認できるはずです。`terraform.tfvars` を利用する方法は、複数の変数の設定を 1 ファイルにまとめて記述できるため利便性が高く、頻繁に利用される方法です。ただし、テキストファイルのため、パスワード等の機密情報を含めることは推奨されていません。

利用されることはあまり多くありませんが、`terraform.tfvars.json` というファイルを利用する方法もあります。この場合、JSON 形式で変数を記述できます。

`*.auto.vars` もしくは `*.auto.vars.json` というファイルを利用する方法もあります。前述したように、より高い優先順位で変数を設定できます。記述方法は、`terraform.tfvars` と同じです。

■ `-var` オプションを利用する

「`terraform plan`」や「`terraform apply`」の実行時に、`-var` オプションを利用して変数を設定できます。次のように実行します。

```
$ terraform plan -var container_name="my-container-via-var"
```

`my-container-via-var` という値が使われることが確認できるでしょう。この方法は、1 回のみの実行で変数を設定する場合に利用します。

Terraform 化はどのくらい徹底すべきか

　Terraform を説明している中で、よく受ける質問が「Terraform での管理をどこまで徹底させるべきか」というものです。Terraform で IaC を行うということは、クラウドの GUI コンソールや CLI での操作を行わず、Terraform を通じて操作を行うということになります。では、どのくらいの操作を Terraform で行うべきなのでしょうか？

　この話題については、明確な指針があるわけではありません。人によって考え方が異なるため一概には言えないのですが、次のような方針をお勧めします。

▎繰り返し行う操作は、Terraform 経由を徹底する

　これはわかりやすいですね。コード化すれば自動化できるものを、その都度手作業で行うのは無駄でしかありません。繰り返し発生するであろう一般的な構成のリソース作成は、Terraform での管理を徹底しましょう。自分だけでなく、チームメンバーにも Terraform を学習してもらい、ナレッジを広げていくようにしましょう。繰り返し発生する操作は、自動化のモデルケースとしても適しているため、実際に手を動かしながら学んでもらうのが良いでしょう。

▎一度 Terraform で作成したものは、Terraform での管理を徹底する

　これもわかりやすい指標です。本章で学んだように、Terraform で構築したリソースはステートファイルに状態が保存されます。ですが、クラウド側で直接変更を行ってしまうと、**ドリフト**と呼ばれる環境差分が発生してしまいます。これでは何のためにコードで管理しているのかわからなくなってしまいます。一度作成したリソースを変更したいときは、Terraform から操作を行うようにしましょう。

▎手作業で作成したものは、忘れないうちに Terraform 化する

　「Terraform で作成したものは Terraform で」と説明しましたが、運用の過程では緊急を要する例外的なトラブルが発生することもあります。Terraform によって障害などへの対応が遅れ、損害が出てしまっては元も子もありません。そういった場合では手作業での修正を行うこともあるでしょう。

　一方、物事が落ち着いたら、実施した手動対応を Terraform にも反映していくことが重要です。緊急だからといって変更をそのままにしておいた結果、次の Terraform の実行時に差分による支障が生じたり、変更した事実がチームに共有されず暗黙の

第 2 章　Terraform の基本的な操作

> 知識になってしまったりというケースがよくあります。
> 　新たな事故を発生させないためにも、やむを得ず行った変更についてはなるべく早く Terraform 化すると良いでしょう。

2.6 構築した環境を変更する

　変数の定義と値の設定について見ました。今度は先ほど構築した環境を変更していきましょう。

2.6.1　TF ファイルの更新

　`main.tf` ファイルを変更します。今回は、コンテナイメージを `nginx:stable-alpine` という、Alpine Linux を利用したイメージに差し替えてみます。`main.tf` をリスト 2.4 のように変更してください。

リスト 2.4　main.tf

```
 1: terraform {
 2:   required_providers {
 3:     docker = {
 4:       source  = "kreuzwerker/docker"
 5:       version = ">= 3.0.0"
 6:     }
 7:   }
 8: }
 9:
10: provider "docker" {
11:   host = "unix:///var/run/docker.sock"
12: }
13:
14: resource "docker_image" "nginx" {
```

2.6 構築した環境を変更する

```
15:     name         = "nginx:stable-alpine"  ← この部分を変更
16:     keep_locally = false
17:   }
18:
19:   resource "docker_container" "nginx" {
20:     image = docker_image.nginx.image_id
21:     name  = "tutorial"
22:     ports {
23:       internal = 80
24:       external = 8000
25:     }
26:   }
```

main.tf ファイルの編集が済んだら、「terraform apply」コマンドを実行します。

```
$ terraform apply
（中略）
Terraform will perform the following actions:

  # docker_container.nginx must be replaced
-/+ resource "docker_container" "nginx" {
（中略）
  # docker_image.nginx must be replaced
-/+ resource "docker_image" "nginx" {
（中略）
      ~ name = "nginx:latest" -> "nginx:stable-alpine" # forces replacement
（中略）
Plan: 2 to add, 0 to change, 2 to destroy.

Do you want to perform these actions?
  Terraform will perform the actions described above.
  Only 'yes' will be accepted to approve.

  Enter a value:
```

どの項目が変更・削除・追加されるのか差分が表示されます。

- ◆ +は、この項目が環境に追加されることを示す
- ◆ -は、この項目が環境から削除されることを示す
- ◆ ~は、この項目が変更されることを示す

実際の表示を見てみると、`docker_container.nginx` にも `docker_image.nginx` にも、-/+ という表示が付いています。これは、この項目が一度削除されてから再作成されることを示しています。Docker はコンテナイメージが変更されると、既存のコンテナを更新するのではなく新しいコンテナを作成する仕組みになっているため、このような表示になっています。

コンテナの場合、既存のものを破棄して作り直すという操作は一般的なため問題にはなりませんが、今後他のリソースを Terraform で管理する場合は、意図していないリソースが削除されないかどうかを確認するのが良いでしょう。表示されている内容に問題がなければ、「`Enter a value:`」の後に、yes と入力して Enter を押します。これで、コンテナが新しいイメージを利用して起動されるようになりました。

このように、既存の環境をアップデートするのも Terraform を使うことで簡単に実現できます。

2.6.2 環境の削除 ― terraform destroy ―

Terraform で構築した環境は、簡単なコマンドで削除できます。「`terraform destroy`」コマンドを実行してみましょう。

```
$ terraform destroy
（中略）
Terraform used the selected providers to generate the following execution plan. Re
source actions are indicated with the following symbols:
  - destroy

Terraform will perform the following actions:
```

2.6 構築した環境を変更する

```
  # docker_container.nginx will be destroyed
  - resource "docker_container" "nginx" {
(中略)
  # docker_image.nginx will be destroyed
  - resource "docker_image" "nginx" {
(中略)
Plan: 0 to add, 0 to change, 2 to destroy.

Do you really want to destroy all resources?
  Terraform will destroy all your managed infrastructure, as shown above.
  There is no undo. Only 'yes' will be accepted to confirm.

  Enter a value:
```

「2 to destroy」と表示され、Terraform で作成した全てのリソースが削除されることがわかります。yes と入力して Enter を押すと、実際に削除処理が実行されます。「Destroy complete! Resources: 2 destroyed.」と表示されたら成功です。「docker ps」コマンドでコンテナがなくなっていることを確認しましょう。

```
$ docker ps
CONTAINER ID    IMAGE      COMMAND    CREATED    STATUS    PORTS    NAMES
$
```

削除もコマンドひとつで行えることがわかりましたね。今回は2つしかないリソースでしたのであまり有り難みが感じられないかもしれませんが、これが数百のリソースだったとしても同じコマンドで削除できます。それぞれのリソースを手動削除する手間を考えると、ものすごく作業を効率化できることがわかりますね。

2.7 Terraform のコマンド

本章の最後に Terraform のコマンドについてまとめていきます。ここまでの操作で紹介したコマンドや便利なコマンドを解説する他、コマンド実行の仕組みなどにも触れます。

2.7.1 よく利用するコマンド

ここまで、`init`、`plan`、`apply`、`destroy` といったコマンドを実行しました。他にも利用することの多いコマンドはいくつかあります。表2.1 にコマンドの一覧とその役割を整理しています。

コマンド	役割
init	作業ディレクトリの初期化
plan	現在のコンフィグで実行プラン表示
apply	構築・変更の実行
destroy	環境の削除
validate	コンフィグが正しいか確認
console	Terraform の文法を対話的に実行して試す
fmt	コンフィグを標準スタイルに整形
import	既存のインフラリソースを Terraform リソースに紐付け
login	HCP Terraform にログイン
refresh	リモートの状態に合うようにステートファイルをアップデート
state	ステートファイルの操作（さらにサブコマンドあり）
test	Terraform モジュールのテストを実行

表2.1　よく利用するコマンド一覧

まだ解説していない要素に対するコマンドもありますが、これらは比較的実行されることの多いコマンドです。ここに記載していないコマンドについては「`terraform -help`」で確認できます。

2.7.2 コマンドの流れ

　図2.5は、本章で解説したTerraformのコマンドの流れを示したものです。この図を使ってTerraformのコマンド実行の流れを確認しておきましょう。

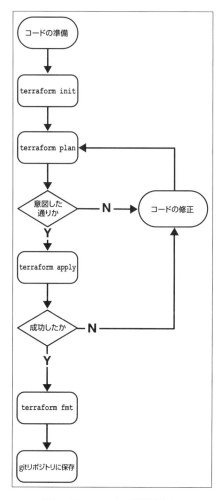

図2.5　コマンドの流れ

　おさらいとなりますが、Terraformのコードを書いた場合、まず「`terraform init`」コマンドを実行します。利用するプロバイダーやモジュールのダウンロード

がこのコマンドによって行われます。コード内で利用するプロバイダー、モジュールに変更がない限りは、1回実行するのみで構いません。

次に「terraform plan」を行います。Planによってコードのチェックと実行プランが表示されます。ここでエラーが発生したり、示されたプランが想定と異なっている場合は、コードを修正してから再実行しましょう。「terraform plan」は、Terraformの中でもっとも実行頻度の多いコマンドです。

想定どおりの「terraform plan」ができたら、「terraform apply」で実際の環境に反映しましょう。ひとつ注意しておきたいのは、planが成功したからといって必ずしもapplyが成功するとは限らないことです。Terraformコードの書き方やクラウド側の問題によってapplyがエラーとなることはしばしば起こります。その場合は、出力されたログを確認して問題点の特定と修正を行ってください。その後、applyを再実行しましょう。

無事applyが成功したら、そのコードをGitリポジトリにコミットしておくことを強くお勧めします。Gitで管理することによって、必要に応じてコードを巻き戻したり、あとから修正内容の振り返りを行うことができます。

2.7.3　HCLの整形

Gitリポジトリにコミットする前に行っておきたい便利なコマンドが、「terraform fmt」です。このコマンドは、HCLを標準スタイルに整形してくれるフォーマッターです。例えば、次のようなコードがあったとします。

```
resource "docker_image" "nginx" {
  name = "nginx:latest"
  keep_locally = true
}

resource "docker_container" "nginx" {
  image     =      docker_image.nginx.image_id
  name = "tutorial"
  ports {
```

2.7 Terraform のコマンド

```
    internal = 80
    external =     8000
  }
}
```

　インデントはバラバラで、スペースの数も異なっていますね。HCL の文法としては正しいため、このままでも実行は可能ですが、これではあとから振り返った際に読みづらく、気持ち悪さを覚える人もいるでしょう。そこで、.tf ファイルのある場所で「terraform fmt」を実行します。すると、コードが次のように整形されます。

```
resource "docker_image" "nginx" {
  name         = "nginx:latest"
  keep_locally = true
}

resource "docker_container" "nginx" {
  image = docker_image.nginx.image_id
  name  = "tutorial"
  ports {
    internal = 80
    external = 8000
  }
}
```

　スッキリして読みやすくなりました。Git にコミットする前に必ず「terraform fmt」を行うことで、コードの読みやすさを保てるようになります。可能であれば、CI（Continuous Integration）の仕組みで「terraform fmt」を自動化するのも良いですね。

本章では、Terraform を使って Docker 上のリソースを管理できることを学びました。その過程で、Terraform の基本的なコマンドである `init`、`plan`、`apply`、`destroy` および変数の使い方をご理解いただけたかと思います。

本章ではローカル環境のみで Terraform 手軽に試していただきたかったので Docker を利用しましたが、今後クラウドや SaaS を Terraform で構築する場合にも、まったく同じコマンドや文法で利用することが可能です。まずは本章を通して練習することでコストをかけずに IaC の基本を理解していただき、そのうえで第 3 章以降を読んでみると良いでしょう。

第3章
AWS で始める Terraform

　第 2 章では手元の Docker を利用して Terraform の基本的な使い方を学びました。次は、お待ちかねのクラウド構築です。本章では、Amazon Web Service（AWS）を Terraform で構築する方法を学びましょう。

3.1 AWS の環境を構築しよう

　本章では Terraform を使った AWS へのシステム構築を解説していきます。まずは定番である EC2 インスタンスを構築して感覚を掴んだあと、より実践的な AWS の環境構築を行っていきます。この章が終わるころには、Terraform を使った AWS 構築の基本的な流れが掴めるようになっているでしょう。

3.1.1 なぜ AWS で Terraform なのか？

　そもそもなぜ AWS の構築を Terraform で行う必要があるのでしょうか？ AWS への操作は AWS コンソールから可能であり、CLI を使うこともできます。また、CloudFormation といった独自の IaC サービスも提供されているので、Terraform を使わなくても環境構築はできるように思えますよね。以降では AWS で Terraform を利用するメリットについて見ていきます。

第 3 章　AWS で始める Terraform

■ コンソールや CLI を使わない場合のメリット

　IaC のメリットは第 1 章で解説しましたが、自動化により人的ミスを減らし効率良く環境構築を行うことができます。また、次のようなメリットにも注目すべきです。

- ◆ 環境を宣言的に構築する
- ◆ 暗黙的に作成されるリソースに依存しないようにする
- ◆ UI の変更に左右されないようにする

　AWS のコンソールを使って環境構築を行う場合、選択肢によっては依存するリソースが同時に作成されることがあります。例えば EC2 インスタンスの作成では、キーペアやサブネット、セキュリティグループなどを同時に作成できてしまいます（図 3.1）。

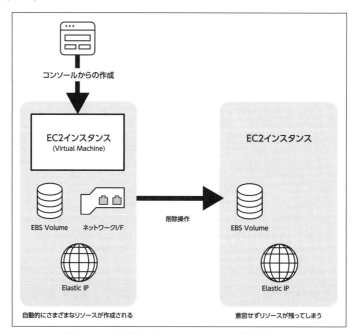

図 3.1　意図しないリソースの削除漏れ

　これは AWS に慣れていないうちは便利に利用できる機能なのですが、あとからリソースを削除した際に本人の意図しないかたちでリソースが残ってしまうこ

とがあります。こうしたリソースにも課金が発生するため、積もり積もって無駄な支払いが生じる可能性があります。

環境を宣言的に構築することによって意図しないリソースの作成を排除し、変更や削除時にもリソースを残すことなくまとめて変更できるようになります（図3.2）。

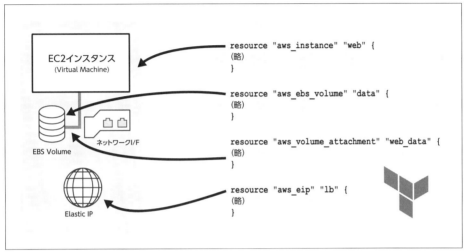

図3.2　Terraformではリソースやリソース間の関係性をコードで表す

利用するインフラが高度かつ複雑になるにつれ、この管理面におけるメリットは大きくなっていきます。

■ **CloudFormationとTerraform**

CloudFormationとTerraformの比較では、Terraformを使うことでAWS以外のサービスにも対応できるメリットがあります。第4章や第6章で解説しますが、他のクラウドを併用するシステムの場合や、ログや監視等のSaaSを組み合わせる場合、CloudFormationでは対応できなくなってしまいます。Terraformを使うことで、複数のクラウド間でも同じHCL、同じワークフローでの自動化が可能になります。

また、AWSをはじめパブリッククラウドでは頻繁にUIが変更されます。これはより使いやすい方向に改善されることが多いので、基本的には良いことです。しかし、一度覚えた画面の操作手順が変わってしまうのは、利用者の戸惑いに繋がる

こともしばしあります。スクリーンショットを撮って操作マニュアルを作成した場合などは、ほぼ全て作り直しになってしまいます。UI に依存しない Terraform を利用することにより、UI の変更に右往左往するというトラブルも減らせますね。

3.1.2 本章で構築する構成

本章では、まずは基本的なリソースである EC2 インスタンスの作成を行います。その後、より実践的なリソースを組み合わせた構成で構築していきます。

AWS の料金について

なお、クラウドを利用して本章の内容を進めるにあたっては、利用料が発生する可能性があります。AWS にはつねに無料となる枠の他に、アカウント作成後 12 ヶ月間は無料となるリソースもあります。詳細は次のページを参照してください。

AWS 無料利用枠
https://aws.amazon.com/jp/free/

本書では作成したリソースはなるべく早く消すことを前提に、無償の枠内に収まるように記載してあります。しかし、リソースを削除しなかった場合や、独自の変更を追加した場合は予期せぬ課金に繋がってしまう可能性がありますのでご留意ください。

3.2 AWS 環境の準備

それでは、AWS の環境を準備していきましょう。すでにお使いの AWS 環境がある場合は、アカウント作成をスキップしていただいても構いません。

3.2.1　AWS アカウントの作成

まずは AWS アカウントを作成します。次のページを参考にしながら、アカウントの作成を行ってください。

AWS アカウントの作成

https://aws.amazon.com/jp/register-flow/

AWS アカウントの作成が完了したら、ルートユーザーのアカウントを利用して AWS にログインを行います。

3.2.2　IAM ユーザーの作成

Terraform から AWS 環境の構築を行うには、Terraform の AWS プロバイダーにアクセス権限を与える必要があります。アクセス権限の付与の方法はいくつかありますが、本章では IAM ユーザーのアクセスキーとシークレットアクセスキーを利用する方法を説明します。

AWS にログイン後、「IAM（Identity and Access Management）」のページへアクセスしてください。ここで、Terraform が利用するための IAM ユーザーを作成します。左側にあるアクセス管理 > ユーザーをクリックし、[**ユーザーの作成**] をクリックします（図 3.3）。

図 3.3　IAM ユーザーの追加

次にユーザー名を入力します。ユーザー名は任意で構いませんが、今回は

practical-terraformという名前を付けておきます。そして［次へ］をクリックします（図3.4）。

図3.4　ユーザー名

［許可を設定］の画面で、［ポリシーを直接アタッチする］をクリック。ポリシーの一覧が表示されますので［PowerUserAccess］を選択してください（図3.5）。

図3.5　ポリシーの付与

［次へ］をクリックし、IAMユーザーの作成を行います。作成が終わったら、ユー

ザーの一覧に **practical-terraform** ユーザーがいますのでクリックします。その後［セキュリティ認証情報］をクリックし、［アクセスキー］の項目を見つけたら、［アクセスキーを作成］をクリックしてください。すると「主要なベストプラクティスと代替案にアクセスする」のページに飛びます（図 3.6）。

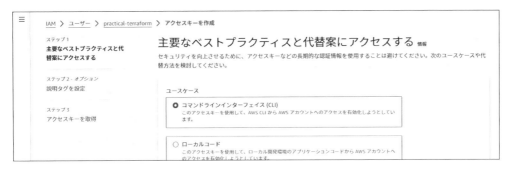

図 3.6　［コマンドラインインターフェイス（CLI）］を選択

　ここでは、［コマンドラインインターフェイス（CLI）］を選択し、下部にある「上記のレコメンデーションを理解し、アクセスキーを作成します。」にチェックボックスを入れ、［次へ］をクリックします。「説明タグを設定の項目」は何も設定せずに［アクセスキーを作成］ボタンをクリックしてください。これでアクセスキーが生成されます（図 3.7）。

図 3.7　作成されたアクセスキー

　表示されているアクセスキーとシークレットアクセスキーを安全な場所に控えておきましょう。［.csv ファイルをダウンロード］ボタンをクリックすると、CSVとしてダウンロードすることも可能です。

3.2.3　認証情報の保管

　作成したアクセスキーとシークレットアクセスキーはローカル環境のTerraformで利用できるようにする必要があります。ここでは環境変数を利用して認証情報を保管しておく方法を紹介します。次のように `AWS_ACCESS_KEY_ID`、`AWS_SECRET_ACCESS_KEY`、`AWS_DEFAULT_REGION` の変数を設定します。

```
$ export AWS_ACCESS_KEY_ID="<CSVにあるアクセスキー>"
$ export AWS_SECRET_ACCESS_KEY="<CSVにあるシークレットアクセスキー>"
$ export AWS_DEFAULT_REGION="ap-northeast-1"
```

　これでTerraformの実行時に認証に関する情報が参照できるようになりました。

アクセスキーの取り扱いについて

　IAMの画面でも表示されているように、アクセスキーの利用には十分注意を払う必要があります。このアクセスキーが流出してしまうと、クラウドの不正な利用に繋がります。今回は理解度を優先するためにアクセスキーを利用するパターンを解説していますが、実運用においてはより安全な方法を検討してください。取り得る選択肢については本章の3.6「AWSプロバイダーに権限を渡す方法」を参照してください。

3.3　リソースを作成する

　TerraformとAWSの準備が終わったので、早速Terraformを実行してAWSにリソースを作成してみましょう。

3.3.1　TFファイルの作成

まずは、コードを管理するためのディレクトリを作成し、その中に`main.tf`を作成します。

```
$ mkdir chapter3
$ cd chapter3
$ touch main.tf
```

テキストエディタで`main.tf`を開き、リスト3.1のようなコードを記述してください。

リスト3.1　main.tf

```
 1: terraform {
 2:   required_providers {
 3:     aws = {
 4:       source  = "hashicorp/aws"
 5:       version = "~> 5.41.0"
 6:     }
 7:   }
 8: }
 9:
10: provider "aws" {
11:   region = "ap-northeast-1"
12: }
13:
14: resource "aws_instance" "test_server" {
15:   ami           = "ami-0eba6c58b7918d3a1"
16:   instance_type = "t2.micro"
17:
18:   tags = {
```

```
19:       Name = "TestInstance"
20:     }
21: }
```

`terraform`ブロックの中の`required_providers`で、AWSプロバイダーのバージョンを指定しています。

次に、`provider`ブロックでAWS共通のパラメータを指定しています。ここでは、`ap-northeast-1`リージョンを利用する指定をしています。そして、`aws_instance`の`resource`ブロックでEC2インスタンスの作成を宣言しています。利用するAMIのIDやインスタンスタイプ、付与するタグの設定をしていることがわかりますね。

■ init

`main.tf`の作成が終わったら、「`terraform init`」を実行しましょう。

```
$ terraform init

Initializing the backend...

Initializing provider plugins...
- Finding hashicorp/aws versions matching " > 4.30"...
- Installing hashicorp/aws v4.30.0...
- Installed hashicorp/aws v4.30.0 (signed by HashiCorp)

Terraform has created a lock file .terraform.lock.hcl to record the provider
selections it made above. Include this file in your version control repository
so that Terraform can guarantee to make the same selections by default when
you run "terraform init" in the future.

Terraform has been successfully initialized!

You may now begin working with Terraform. Try running "terraform plan" to see
any changes that are required for your infrastructure. All Terraform commands
```

```
should now work.

If you ever set or change modules or backend configuration for Terraform,
rerun this command to reinitialize your working directory. If you forget, other
commands will detect it and remind you to do so if necessary.
```

今回は`main.tf`の中で、`hashicorp/aws`の5.41.0以上を指定していますので、そのプロバイダーがダウンロードされていることが確認できます。

■ plan

次に`plan`を実行しましょう。EC2インスタンスが1つ作成されそうだということがわかりますね。

```
$ terraform plan

Terraform used the selected providers to generate the following execution plan. Re
source actions are indicated with the following symbols:
 + create

Terraform will perform the following actions:

  # aws_instance.test_server will be created
  + resource "aws_instance" "test_server" {
(中略)
Plan: 1 to add, 0 to change, 0 to destroy.
```

■ apply

Planの内容を確認した結果、想定どおりとなっていそうです。それでは、「`terraform apply`」を実行してみましょう。今回は、`-auto-approve`オプションを付けて実行しています。このオプションは、Applyコマンドの中で行われるPlanフェーズが成功すれば、そのままユーザーの入力を待たずApplyを始める

というオプションです。すでに手動でPlanを回しており、問題ないことを確認済みのため、時間短縮を目的としてこのオプションを付けました。

```
$ terraform apply -auto-approve

Terraform used the selected providers to generate the following execution plan. Re
source actions are indicated with the following symbols:
  + create

Terraform will perform the following actions:

  # aws_instance.test_server will be created
  + resource "aws_instance" "test_server" {
（中略）
Plan: 1 to add, 0 to change, 0 to destroy.

Do you want to perform these actions?
  Terraform will perform the actions described above.
  Only 'yes' will be accepted to approve.

  Enter a value:
```

main.tfで指定したとおり、aws_instanceが1つ作成されることが確認できます。「Apply complete! Resources: 1 added, 0 changed, 0 destroyed.」と表示されたら構築完了です。AWSコンソールを開き、実際にリソースが作成されているかを確認してみましょう（図3.8）。

図3.8　作成されたインスタンス

3.3 リソースを作成する

■ destroy

無事リソースが作成されたことを確認できましたね。さて、今回作成したインスタンスはこれ以上利用しませんので、削除してしまいましょう。作ったリソースを手軽に削除できるのも Terraform の良いところです。

「`terraform destroy`」を実行します。削除される内容を確認後、yes を入力して Enter を押します。

```
$ terraform destroy
aws_instance.test_server: Refreshing state... [id=i-001d939210545cb1b]

Terraform used the selected providers to generate the following execution plan. Re
source actions are indicated with the following symbols:
  - destroy

Terraform will perform the following actions:

  # aws_instance.test_server will be destroyed
  - resource "aws_instance" "test_server" {
(中略)
Plan: 0 to add, 0 to change, 1 to destroy.

Do you really want to destroy all resources?
  Terraform will destroy all your managed infrastructure, as sown above.
  There is no undo. Only 'yes' will be accepted to confirm.

  Enter a value:
```

これでインスタンスの削除は完了です。おさらいすると、今回実行したコマンドは以下の流れです。

1. terraform init
2. terraform apply
3. terraform destroy

前章で試した、Dockerの操作と同一であることがわかりますね。もちろん、いきなり`apply`するのではなく、途中で`plan`を行っても構いません。

3.4 Terraformでシステムを作る

Terraformを使って、AWS環境にインスタンスが簡単に立ち上げられることを確認しました。しかし、せっかくAWSを利用するのだから、インスタンスだけと言わずにもっとたくさんのリソースを組み合わせて立ち上げていきたいですよね。

そこで、今度は実践的なAWS環境の構築をやってみましょう。今回は題材としてWordPressを用い、WordPressが動作する環境一式を構築してみます。

3.4.1 Wordpressで必要になる環境

WordPressについてはご存じの方も多いでしょう。定番のコンテンツマネジメントシステムで、ブログやWebサイトの構築に利用されています。

WordPressを自前で立ち上げる場合、次のような環境が必要になります。

- WordPress本体（PHP）
- Webサーバー
- データベースサーバー

また、必要に応じてロードバランサーやSSL証明書、CDNなどを組み合わせることで、より高度な構成にすることもできます。

本項では、図3.9のような構成で環境を構築します。

Terraformを実行するだけで、WordPressに必要な環境一式が払い出されることを目標とします。

3.4 Terraformでシステムを作る

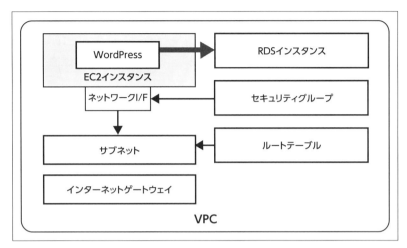

図 3.9　本章で構築する構成

3.4.2　main.tf の作成

まずはベースとなる `main.tf` を作成します。先ほど作成したシンプル版と内容は同一です。

リスト 3.2　main.tf の再作成

```
 1: terraform {
 2:   required_providers {
 3:     aws = {
 4:       source  = "hashicorp/aws"
 5:       version = "~> 5.41.0"
 6:     }
 7:   }
 8: }
 9:
10: provider "aws" {
11:   region = "ap-northeast-1"
12: }
```

このあと、`main.tf` に対して生成するリソースをどんどん追記していきます。完成版が見たい方は、本書の冒頭（P. iv）で紹介している GitHub にあるサンプルコードを参照してください。

3.4.3 VPC

VPC（Virtual Private Cloud）を作成します。Amazon VPC は論理的に隔離された仮想ネットワーク空間を AWS 上に作成できるサービスです。VPC を利用することで、仮想ネットワーク上にサブネットやルートテーブル、インターネットゲートウェイなどを作成し、仮想ネットワーク上でサーバーを起動することができます。VPC を作成し、その中にさまざまなリソースを作成していきます。

次の内容を `main.tf` の末尾に追記してください。

リスト3.3　VPC リソースの定義

```
14: resource "aws_vpc" "main" {
15:   cidr_block = "10.0.0.0/16"
16:   tags = {
17:     Name = "Main"
18:   }
19: }
```

このコードでは、VPC の CIDR ブロックを `10.0.0.0/16` としています。また、`Name` というタグを付与することで VPC に名前を付けています。タグはなくても問題ありませんが、コンソールから確認した際の視認性を高めるために付与しておくことをお勧めします。

3.4.4 サブネット

次に、VPC をさらに分割するサブネットを作成しましょう。次のコードを `main.tf` に追記します。

リスト3.4　サブネットリソースの定義

```
21: resource "aws_subnet" "public" {
22:   vpc_id     = aws_vpc.main.id
23:   cidr_block = "10.0.1.0/24"
24:   tags = {
25:     Name = "Public"
26:   }
27: }
28: resource "aws_subnet" "private_a" {
29:   vpc_id     = aws_vpc.main.id
30:   cidr_block = "10.0.2.0/24"
31:   availability_zone = "ap-northeast-1a"
32:   tags = {
33:     Name = "Private-A"
34:   }
35: }
36: resource "aws_subnet" "private_c" {
37:   vpc_id     = aws_vpc.main.id
38:   cidr_block = "10.0.3.0/24"
39:   availability_zone = "ap-northeast-1c"
40:   tags = {
41:     Name = "Private-C"
42:   }
43: }
```

今回は、インターネットから接続可能な`public`サブネットと、内部に閉じた`private`サブネットを2つ作成します。それぞれのサブネットには、VPCのCIDRブロックの一部を割り当てます。今回は`public`サブネットに10.0.1.0/24、`private`サブネットに10.0.2.0/24を割り当てています。

それぞれのリソースの`vpc_id`に、前項で宣言したVPCのIDを参照していることがわかりますね。こうすることによって、このサブネットはVPCに紐付けられるかたちで作成されます。

なお、AWSの仕様上、サブネットはAZ（Availability Zone）単位で作成する

必要があります。例えば、東京リージョン（ap-northeast-1）には 3 つの AZ があるため、もし MultiAZ 構成で全ての AZ を利用する場合は、各 AZ に対してサブネットを作成する必要がある点に留意してください。

3.4.5　インターネットゲートウェイ

次に作成するのは、インターネットゲートウェイです。`main.tf` に次のように追記してください。

リスト 3.5　インターネットゲートウェイの定義

```
45: resource "aws_internet_gateway" "gw" {
46:   vpc_id = aws_vpc.main.id
47:   tags = {
48:     Name = "Main"
49:   }
50: }
```

これは VPC からインターネットに接続するために必要となるゲートウェイです。`aws_internet_gateway` リソースを作成し、`vpc_id` で VPC を指定します。

3.4.6　ルートテーブル

ここまでの作業で VPC とサブネット、ゲートウェイを定義できました。しかし、これで終わりではありません。作成したサブネット内で通信が行えるようにするため、またインターネット向け通信はインターネットゲートウェイを経由して外に出て行くようにするため、ルートテーブルを作成します。次の内容を `main.tf` に追記してください。

リスト 3.6　ルートテーブルの定義

```
52: resource "aws_route_table" "main" {
53:   vpc_id = aws_vpc.main.id
```

```
54:    route {
55:      cidr_block = "0.0.0.0/0"
56:      gateway_id = aws_internet_gateway.gw.id
57:    }
58:    tags = {
59:      Name = "Main"
60:    }
61: }
62: resource "aws_main_route_table_association" "main" {
63:    vpc_id         = aws_vpc.main.id
64:    route_table_id = aws_route_table.main.id
65: }
```

`aws_route_table` リソースによって、AWS 上にルートテーブルが作成されます。`cidr_block` で指定された CIDR は、ゲートウェイとして前項で作成したインターネットゲートウェイを利用する設定になっています。

また、このルートテーブルを作成する VPC に紐付けを行うのが、`aws_main_route_table_association` リソースです。これがないと、単にルートテーブルが作成されるだけになってしまい、VPC に適用されません。このような紐付け用のリソースは、今後さまざまな場所で登場します。

3.4.7 セキュリティグループ

次に作成するのはセキュリティグループです。次の内容を `main.tf` に追記してください。

リスト3.7 セキュリティグループの定義

```
67: resource "aws_security_group" "web" {
68:    name        = "web"
69:    description = "Allow Web traffic"
70:    vpc_id      = aws_vpc.main.id
71:    ingress {
```

```
 72:     description      = "HTTP from Internet"
 73:     from_port        = 80
 74:     to_port          = 80
 75:     protocol         = "tcp"
 76:     cidr_blocks      = ["0.0.0.0/0"]
 77:   }
 78:   ingress {
 79:     description      = "TLS from Internet"
 80:     from_port        = 443
 81:     to_port          = 443
 82:     protocol         = "tcp"
 83:     cidr_blocks      = ["0.0.0.0/0"]
 84:   }
 85:   egress {
 86:     from_port        = 0
 87:     to_port          = 0
 88:     protocol         = "-1"
 89:     cidr_blocks      = ["0.0.0.0/0"]
 90:   }
 91:   tags = {
 92:     Name = "web"
 93:   }
 94: }
 95:
 96: resource "aws_security_group" "db" {
 97:   vpc_id = aws_vpc.main.id
 98:   ingress {
 99:     from_port = 3306
100:     to_port   = 3306
101:     protocol  = "tcp"
102:     cidr_blocks = [aws_subnet.public.cidr_block, aws_subnet.private_a.cidr_block, aws_subnet.private_c.cidr_block]
103:   }
104:   egress {
105:     from_port = 0
106:     to_port   = 0
107:     protocol  = "-1"
```

3.4 Terraformでシステムを作る

```
108:      cidr_blocks = ["0.0.0.0/0"]
109:    }
110:    tags = {
111:      Name = "sg_rds"
112:    }
113: }
```

セキュリティグループは、接続できるポートや接続元 IP を指定し、アクセスを制御するための仕組みです。インスタンスに対してインターネットから自由に接続できてしまうのはセキュリティ的に問題があるため、今回は HTTP および HTTPS のポートのみを公開する設定にします。

3.4.8 RDS

次に、データベースサーバーを Amazon RDS を使って作成します。Amazon RDS は AWS 内で MySQL や PostgreSQL、Oracle、SQL Server などを作成できるマネージドサービスです。WordPress は MySQL を利用しますので、Terraform を使って MySQL のインスタンスを作成します。

`main.tf` に次のブロックを追記してください。

リスト 3.8　RDS インスタンスの作成

```
115: resource "aws_db_instance" "wordpress" {
116:   allocated_storage     = 20
117:   storage_type          = "gp2"
118:   engine                = "mysql"
119:   engine_version        = "5.7"
120:   instance_class        = "db.t3.micro"
121:   db_name               = "wpdb"
122:   username              = "dba"
123:   password              = random_password.wordpress.result
124:   parameter_group_name  = "default.mysql5.7"
125:   multi_az              = false
126:   db_subnet_group_name  = aws_db_subnet_group.db.name
```

```
127:    vpc_security_group_ids = [aws_security_group.db.id]
128:    backup_retention_period = "7"
129:    backup_window           = "01:00-02:00"
130:    skip_final_snapshot     = true
131:    max_allocated_storage   = 200
132:    identifier              = "wordpress"
133:    tags = {
134:      Name = "WordPress DB"
135:    }
136: }
137:
138: resource "aws_db_subnet_group" "db" {
139:    name       = "wordpress"
140:    subnet_ids = [aws_subnet.private.id]
141:    tags = {
142:      Name = "DB subnet group"
143:    }
144: }
145:
146: resource "random_password" "wordpress" {
147:    length           = 16
148:    special          = true
149:    override_special = "!#$%&*()-_=+[]{}<>:?"
150: }
```

　`aws_db_instance`で、RDSのインスタンスにさまざまなパラメータを指定しています。例えば、作成されるデータベース名として`wpdb`と指定しています。また、ユーザー名としては`dba`と指定しています。

　注目すべきは、`password`の部分です。値として、`random_password`リソースを与えていることがわかります。この部分ではRDSの管理者用ユーザーにパスワードを設定しているのですが、そのパスワードをRandomプロバイダーを使って生成しています。

　Randomプロバイダーを使うことで、このようなパスワード生成の他、UUIDや文字列、数字などをランダムに生成できます。このような、どこかのAPIを叩

きにいくのではなく、Terraform のロジック内部で完結するプロバイダーのことを論理プロバイダー（Logical Provider）といい、Terraform のコード内部で便利に使えるユーティリティとして活用できます。

3.4.9 EC2 インスタンス

次に、EC2 インスタンスを作成します。リスト 3.9 の内容を `main.tf` に追記してください。

リスト 3.9　EC2 インスタンスの定義

```
152: resource "aws_instance" "web" {
153:   ami           = "ami-0eba6c58b7918d3a1"
154:   instance_type = "t2.micro"
155:   network_interface {
156:     network_interface_id = aws_network_interface.web.id
157:     device_index         = 0
158:   }
159:   user_data = file("wordpress.sh")
160:   tags = {
161:     Name = "web"
162:   }
163: }
164: resource "aws_network_interface" "web" {
165:   subnet_id       = aws_subnet.public.id
166:   private_ips     = ["10.0.1.50"]
167:   security_groups = [aws_security_group.web.id]
168: }
169:
170: resource "aws_eip" "wordpress" {
171:   network_interface = aws_network_interface.web.id
172:   domain   = "vpc"
173: }
```

`aws_network_interface` というリソースが追加されましたね。これは、AWSのネットワークインターフェイスを作成するものです。一般的なパソコンにも存

在する NIC（Network Interface Card：Ethernet ポート）と同様のものと考えるといいでしょう。

EC2 インスタンスにネットワークインターフェイスをアタッチすることで、指定したサブネットに接続できます。ネットワークインターフェイスには接続先のサブネットとセキュリティグループを指定します。今回は、先ほど作成した `public` サブネットと、`web` セキュリティグループを指定しています。

また、`aws_eip` というリソースを作成しています。これは、AWS でパブリック IP を利用するのに必要な Elastic IP を作成するリソースです。AWS から払い出されたパブリック IP をネットワークインターフェイスに紐付けします。

作成する EC2 インスタンスには、このネットワークインターフェイスをアタッチしています。ネットワークインターフェイスには `public` サブネットへの接続と `web` セキュリティグループの指定が行われていました。したがって、この EC2 インスタンスにはその設定が適用されることになります。

3.4.10 WordPress 実行環境のセットアップ

これまでの説明で、AWS 上にリソースを自動で作成できることはおわかりいただけたかと思います。しかし、これだけではまだ WordPress の実行環境は整っていません。作成された EC2 インスタンス上に、Web サーバーや PHP のセットアップ、WordPress の配置などを行う必要があります。

そのためには、EC2 インスタンスの起動時に任意のスクリプトを実行して、自動でセットアップが行われるようにしなくてはいけません。AWS プロバイダーでは、`aws_instance` に `user_data` を渡すことで、インスタンス起動時にスクリプトの実行を行うことができます。

`user_data` は、インラインでも記述できますし、ファイルを読み込むかたちも可能です。実行するコマンドが少なければ次のようにインラインで記述します。

```
resource "aws_instance" "web" {
  ami            = "ami-0eba6c58b7918d3a1"
  （中略）
```

3.4 Terraformでシステムを作る

```
  user_data = <<
  #!/bin/bash
  sudo apt update && sudo apt upgrade -y
  EOF
}
```

多い場合は`file`関数を使ってファイルを読み込むかたちにすると良いでしょう。

```
resource "aws_instance" "web" {
  ami           = "ami-0eba6c58b7918d3a1"
(中略)

  user_data = file("wordpress.sh")
}
```

今回の構築では、ファイルを読み込むかたちを採用します。`wordpress.sh`というファイルを作成し、リスト3.10の内容を記述してください。

リスト3.10　wordpress.sh

```
 1: #!/bin/bash
 2:
 3: sudo apt update
 4: sudo apt install -y apache2 php php-mbstring php-xml php-mysqli
 5:
 6: wget http://ja.wordpress.org/latest-ja.tar.gz -P /tmp/
 7: tar zxvf /tmp/latest-ja.tar.gz -C /tmp
 8: sudo rm -rf /var/www/html/*
 9: sudo cp -r /tmp/wordpress/* /var/www/html/
10: sudo chown www-data:www-data -R /var/www/html
11:
12: sudo systemctl enable apache2.service
13: sudo systemctl restart apache2.service
```

3.4.11 outputs ファイルの作成

お疲れ様でした、最後に構築した結果をシステムに出力できるようにしておきましょう。outputs.tf ファイルを作成し、リスト 3.11 の内容を記述します。

リスト 3.11　outputs.tf

```
 1: output "public_ip" {
 2:   value = aws_eip.wordpress.public_ip
 3: }
 4:
 5: output "rds_endpoint" {
 6:   value = aws_db_instance.wordpress.endpoint
 7: }
 8:
 9: output "rds_password" {
10:   value = random_password.wordpress.result
11:   sensitive = true
12: }
```

output ブロックを利用すると、CLI の実行後や「`terraform output`」コマンドで、指定した値を表示させられます。今回の場合、AWS 側で決定されるパブリック IP アドレスや RDS のエンドポイント、ランダムに生成される DB のパスワードを確認したいため、それらの値を出力するようにしています。

これらの記述は `main.tf` や、その他 `.tf` の拡張子を持つファイルであればどこに書いても正しく動作しますが、ベストプラクティスとしては `outputs.tf` にまとめてしまうのがお勧めです。

3.4.12 構築の実行

コードの準備が整いましたので、実際に環境を作成してみましょう。構築するためのコマンドはもうおわかりかと思いますが、「`terraform apply`」です。

3.4 Terraformでシステムを作る

```
$ terraform init
$ terraform validate
$ terraform fmt
$ terraform apply
```

最後に次のような出力が得られれば完了です。

```
public_ip = "123.456.789.012"
rds_endpoint = "wordpress.abcdefghijkl.ap-northeast-1.rds.amazonaws.com:3306"
rds_password = <sensitive>
```

これで環境が構築されたはずです。AWSコンソールにログインし、EC2やVPCが作成されていることを確認してみましょう。

3.4.13 センシティブな値の取得

`public_ip`で出力されたIPアドレスに対して、ブラウザでアクセスしてみましょう。WordPressの初期設定画面が表示されるはずです（図3.10）。

図 3.10　WordPressの初期画面

画面の指示に従い次に進めると、データベースの情報の入力を求められます

（図 3.11）。それぞれの項目に必要な値を入力していきましょう。

図 3.11　データベースの設定画面

　データベース名には `wpdb`、ユーザー名に `dba` と入力します。これらの値は `aws_db_instance` で指定したものです。データベースのホスト名には、`apply` の完了時に表示された `rds_endpoint` の値を入力しましょう。もし忘れてしまった場合は、「`terraform output`」コマンドで確認できます。

　次にパスワードの設定ですが、出力では `rds_password` の値が `<sensitive>` となっています。これは、その値がパスワード等のセンシティブな値であることを示しています。「センシティブな値」とは、機密性の高い値を指し、Terraform の出力に表示されることを避けるために、このように表示されています。

　このようなセンシティブな値を取得したい場合は、2 つの方法があります。まずひとつ目が「`terraform output -json`」コマンドです。このコマンドを利用すると JSON 形式で結果が表示されますが、センシティブな値もマスクされずそのまま表示されます。ただし、文字によっては JSON エンコードによってエスケープされてしまうことがある点に注意してください。もうひとつの方法は、「`terraform output -raw <Output 名>`」です。

```
$ terraform output -raw rds_password
abcdefghijklmnop  ←パスワードが表示される
```

「terraform output」や「terraform output -json」は引数に何も指定しない場合は全てのOutputを表示しますが、「terraform output -raw」はOutput名の指定が必要な点に留意してください。

これらの値を入力して［送信］を押せば、WordPressの利用が可能になるはずです。

3.5 複数のリソースを作成する

これまでの流れで、AWS上のリソースを宣言的に記述して環境を構築できることがわかりました。皆さんは実際に試してみて、どのように感じましたか？ 自動化できて便利！ と思う人もいる一方で、手順が多くて手間がかかると感じた人もいるかもしれません。今回はEC2インスタンスとRDSインスタンスを1つずつ作成しましたが、もし同じようなインスタンスを複数作成する場合、毎回同じ手順を繰り返す必要があるのでしょうか？

答えはYesであり、Noでもあります。

リソースを愚直に定義していく場合は、皆さんが想像するように、1つずつリソースを記述して組み合わせていくかたちになります。VPCやサブネットは再利用できますが、ネットワークインターフェイスやEC2インスタンスは、作成するリソースごとに繰り返し記述する必要があります。少し手間がかかるように感じるかもしれません。しかし、より効率的な方法があります。リソースを効率的に作成する方法は複数ありますが、最初に紹介するのはループ処理です。

3.5.1　ループの利用

もしみなさんがプログラミングの経験がある場合、ループ処理を書いたことがあると思います。代表的な例がfor文ですね。

```
for (i = 1; i <= 3; i++){
  printf("こんにちは\n");
}
```

この例では i が 1 から 3 までのあいだ、繰り返し「こんにちは」と表示されます。このようなループを使ってリソースを定義できれば、同じような内容を繰り返し書かなくても済みそうですよね。

Terraform にも同様にループ処理を記述し、複数のリソースを作成できる機能があります。先ほどまで作成した環境を使って、複数の VM をループを使って作成してみましょう。次のコードを `main.tf` に追記してください。

リスト 3.12　for_each を使ったループ処理

```
locals {
  frontends = ["web1", "web2", "web3"]
}

resource "aws_network_interface" "frontends" {
  for_each = toset(local.frontends)
  subnet_id       = aws_subnet.public.id
  security_groups = [aws_security_group.web.id]
}

resource "aws_instance" "frontends" {
  for_each = toset(local.frontends)
  ami           = "ami-0eba6c58b7918d3a1"
  instance_type = "t2.micro"

  network_interface {
    network_interface_id = aws_network_interface.frontends[each.value].id
    device_index         = 0
  }

  tags = {
```

```
    Name = "Frontend-${each.value}"
  }
}
```

　先ほど追加した `aws_network_interface` および `aws_instance` と、ほとんど見た目は変わりません。しかし、それぞれ `for_each` という記述が増えていることがわかります。これは **Meta-Argument** と呼ばれる、リソース内で利用できる特殊な記述です。`map` や `set` を `for_each` に渡すことで、その中身を元にループ処理を行ってくれます。

　今回は `local` ブロック内で `frontends` というリストを定義し、それを `for_each` に渡しています。この際、`toset` 関数を使って `set` に変換しています。`aws_network_interface` と `aws_instance` の両方でペアになるようにリソースを作成する必要があるため、双方の `for_each` に同じ `set` を渡しています。

　`aws_instance` 側のリソースの指定は、`aws_network_interface.frontends[each.value].id` のようになります。`for_each` で指定した `set` の中身を `each.value` で取得し、それを引数としてリソースを指定しています。

　これらの記述を加えたあと、「`terraform apply`」コマンドを実行すると、AWS側で新たにEC2インスタンスが3つ作成されることが確認できます。

3.5.2　count の利用（非推奨）

　`count` というメタ引数を使って複数リソースを作る方法もあります。リスト3.13のようなコードになります。

リスト3.13　count を使った複数リソース作成

```
resource "aws_instance" "servers" {
  count = 3

  ami           = "ami-0eba6c58b7918d3a1"
  instance_type = "t2.micro"
```

```
  tags = {
    Name = "Server ${count.index}"
  }
}
```

「count = 3」という値を渡していることがわかりますね。これにより、3つのリソースが作成されることになります。また、タグ名として、count.index という値を渡しています。count に応じた数字がここに入るため、「Server 0」「Server 1」「Server 2」の3つのタグがついた EC2 インスタンスが作成されます。

ここで生成された aws_instance のうち特定の1つを指定したい場合は、aws_instance.servers[1] のように指定します。aws_instance.servers[1].public_ip とすると、3つあるうちの2つめのインスタンスに紐付くパブリック IP が取得できるということになります。

このように、一見便利そうに見える count ですが、複数リソースを作成する際に利用するのはあまりお勧めできません。count を利用した場合、リソースのアドレスが aws_instance.servers[0]、aws_instance.servers[1]、aws_instance.servers[2] と配列を使った連番になっています。もし何らかの理由で途中のリソースを削除した場合、Terraform は配列の詰め直しを行うために予期せぬリソースの再作成が行われてしまうことがあります。これは思わぬ事故に繋がりかねません。

複数のリソースを作成する際には、先に説明した for_each を使う方法をお勧めします。

3.5.3　count の使い道

では、count はコーディングにおける「不要な異物」なのでしょうか？ じつはもうひとつ使い道があります。それは、「count = 0」という使い方です。「count = 0」と指定すると、つまりはリソースを1つも作成しないということになります。リソースの記述はするものの、あえて作成しないという場合に利用できるのです。応用すると次のような使い方が可能です。

```
variable "create_instance" {
  type = bool
  default = false
}

resource "aws_instance" "server" {
  count = var.create_instance ? 1 : 0

  ami           = "ami-0eba6c58b7918d3a1"
  instance_type = "t2.micro"

  tags = {
    Name = "Server"
  }
}
```

`var.create_instance`と変数を定義しておきます。それを三項演算子として利用することで、このような指定ができるようになります。

```
create_instance = true
```

`true`であれば`count`が1となり、リソースが生成されます。`false`であれば`count`が0となり、生成されません。Terraformで頻繁に利用するテクニックのひとつとして、覚えておくと良いでしょう。

3.6 AWSプロバイダーに権限を渡す方法

本章では、冒頭にIAMユーザーを作成し、そのアクセスキーとシークレットアクセスキーを環境変数に設定することでAWSプロバイダーに権限を渡すかたちを取っていました。これ以外にも、次の方法で権限を渡す方法が提供されてい

ます。

- ◆ 環境変数
- ◆ provider ブロック内のコンフィグ
- ◆ AWS CLI 設定ファイル
- ◆ IAM インスタンスプロファイル
- ◆ HCP Terraform の Dynamic Provider Credentials

　環境変数を利用する方法はすでに説明しているので、ここではそれ以外の方法の概略を説明します。

3.6.1　provider ブロック内のコンフィグ（非推奨）

provider ブロック内で AWS のアクセスキーとシークレットアクセスキーを指定する方法です。

```
provider "aws" {
  region     = "ap-northeast-1"
  access_key = "<アクセスキー>"
  secret_key = "<シークレットアクセスキー>"
}
```

　しかし、この方法は誤ってアクセスキーやシークレットアクセスキーを Git 等にコミットしてしまう可能性が高いため、利用しないことをお勧めします。variable を利用すると変数を外出しできますが、それもやはりお勧めしません。

3.6.2　AWS CLI 設定ファイル

　AWS CLI が作成する設定ファイルを利用して権限を渡す方法です。AWS CLI 側で「aws configure」コマンドを使ってログインを行うと、そのログイン情報は $HOME/.aws/config および $HOME/.aws/credentials に書き込まれます。AWS プロバイダーは、プロバイダーブロック内もしくは環境変数で指定がない

場合は、このAWS CLIの設定を使うようになっています。

AWS CLIでプロファイルを分けている場合は、`AWS_PROFILE`環境変数でプロファイル名を指定することで利用可能です。

```
$ aws configure --profile staging  ← CLIでstagingプロファイルを指定して設定
$ export AWS_PROFILE=staging
```

また、`provider`ブロックで次のように設定ファイルとプロファイルを指定することも可能です。

```
provider "aws" {
  shared_config_files      = ["/Users/your_user/.aws/conf"]
  shared_credentials_files = ["/Users/your_user/.aws/creds"]
  profile                  = "staging"
}
```

3.6.3　IAMインスタンスプロファイル

`terraform`コマンドをAWS EC2上のVMで実行する場合、そのVMにIAMインスタンスプロファイルが設定されていれば、その権限を使って実行ができます。前述したプロバイダーブロックの設定や環境変数、AWS CLIの設定が存在する場合はそちらが優先されます。インスタンスプロファイルについては、AWSのドキュメント[1]を参考にしてください。

3.6.4　Dynamic Provider Credentials

より安全にTerraformを使ったAWSの構築を行いたい場合、クラウドサービスのHCP Terraformを利用するのもお勧めです。提供されている機能のひとつ

---

[1] https://docs.aws.amazon.com/ja_jp/IAM/latest/UserGuide/id_roles_use_switch-role-ec2_instance-profiles.html

である Dynamic Provider Credentials を利用することで、これまで説明してきたような環境変数や設定ファイルを利用しなくとも、安全に権限を渡すことができます。

Dynamic Provider Credentials の利用方法については、本書の付録で解説しています。

3.7 AWS 環境を構築するための情報

本章では、比較的よくある構成で構築する例を解説しました。しかし、AWS プロバイダーで構築可能なリソースは多岐に渡るため、本章で紹介したのはほんの一部となります。

▍Terraform で構築できるリソースの例

Account Mgmt	Amazon Bedrock	Amplify
App Mesh	App Runner	AppConfig
AppFlow	AppIntegrations	AppStream 2.0
AppSync	Athena	Audit Manager
Auto Scaling	Backup	Batch
Chime	Cloud9	CloudFormation
CloudFront	CloudHSM	CloudSearch
CloudTrail	CloudWatch	CodeArtifact
CodeBuild	CodeCatalyst	CodeCommit
CodeDeploy	CodePipeline	Cognito
Comprehend	Config	Connect
Control Tower	Data Exchange	Data Pipeline
DataSync	Device Farm	Direct Connect
Directory Service	DocumentDB	DynamoDB
EBS (EC2)	EC2 (Elastic Compute Cloud)	ECR (Elastic Container Registry)

（次ページに続く）

3.7 AWS 環境を構築するための情報

ECS (Elastic Container)	EFS (Elastic File System)	EKS (Elastic Kubernetes)
ELB(Elastic Load Balancing)	ElastiCache	Elastic Beanstalk
Elastic Transcoder	Elasticsearch	Elemental MediaConvert
Elemental MediaLive	Elemental MediaPackage	Elemental MediaStore
EventBridge	Glue	GuardDuty
IAM(Identity & Access Mgmt)	IVS (Interactive Video)	IoT Core
KMS (Key Mgmt)	Kinesis	Lambda
Lightsail	MQ	Managed Grafana
OpsWorks	Organizations	Outposts
RDS (Relational Database)	Redshift	Route 53
S3 (Simple Storage)	SDB (SimpleDB)	SESv2 (Simple Email V2)
SFN (Step Functions)	SNS (Simple Notification)	SQS (Simple Queue)
SSM (Systems Manager)	STS (Security Token)	SWF (Simple Workflow)
SageMaker	Secrets Manager	Security Hub
Security Lake	Service Catalog	Service Quotas
Transit Gateway	VPC (Virtual Private Cloud)	WAF

AWS プロバイダーのドキュメント[2] に掲載されている中で、代表的なものだけでもこれだけのリソースに対応しています。このリストを見ているだけで AWS に詳しくなれるような気持ちになりますね。お使いのサービスで Terraform 化に対応しているものがあれば、試してみるのが良いでしょう。具体的な利用方法についてはドキュメントをご覧ください。

3.7.1 AWSCC プロバイダーのドキュメント

本書では解説しませんでしたが、AWSCC プロバイダー[3] というものも提供されています。これは、AWS が提供している新たな API である AWS Cloud Control API を利用するプロバイダーです。こちらは AWS が公式に提供している AWS

---

[2] https://registry.terraform.io/providers/hashicorp/aws/latest/docs
[3] https://registry.terraform.io/providers/hashicorp/awscc/latest/docs

CloudFormation レジストリと連動しており、CloudFormation が対応すると、それを元に自動で AWSCC プロバイダーもコードが生成されリリースされる仕組みになっています。AWS プロバイダーよりも新サービスや新 API に素早く対応できる点が特徴です。

AWS プロバイダーで手が届かない要素がある場合はこちらも確認してみると良いでしょう。

3.7.2　HashiCorp Developer

HashiCorp が提供している HashiCorp Developer[4] でも、AWS へのチュートリアルが豊富に提供されています。プロバイダーのドキュメントよりも理解しやすいステップバイステップ形式で掲載されているため、学び始めはこちらを積極的に利用するのが良いでしょう。

本章では、シンプルな VM の立ち上げから、データベースを組み合わせる WordPress アプリケーションの立ち上げまでを通じて、AWS への構築を解説しました。AWS であっても、第 2 章の Docker と同じようなワークフローで構築できることをおわかりいただけたのではないでしょうか。

AWS は巨大なクラウドサービスですので、本章で触れたのは Terraform で構築可能なもののうち、ごく一部に過ぎません。AWS プロバイダーのドキュメントや公式のチュートリアルにも豊富なサンプルがありますので、ぜひいろいろと試していただければと思います。

---

[4] https://developer.hashicorp.com/terraform/tutorials/aws

第4章
マルチクラウドでTerraformを活用

　Terraformの特徴は、なんといってもマルチクラウドにあります。Terraformを使えば、AWSのみならず、AzureやGoogle Cloudをはじめとしたさまざまなクラウドの構築を行うことができます。

4.1 マルチクラウドこそTerraformの強み

　第3章では、AWSに対してTerraformから環境構築を行いました。インフラの構築からアプリケーションの立ち上げまで、手動で行うと大変な工程が「`terraform apply`」を打つだけで完了するようになり、ワークフローがとてもシンプルになりました。

　このような自動化の恩恵を、同じやり方でAzureやGoogle Cloudなどのさまざまなクラウドでも実現できるのが、Terraformの強みです。本章では、利用者が多いと思われるAzureおよびGoogle Cloudに、第3章と同じ構成を構築してみます。それを通じて、Terraformのワークフローがクラウドによってどのように変わるか、何に気を付けていくべきなのかを理解していきましょう。

4.1.1 構築ワークフローの統一

　読者のみなさんが、仕事でマルチクラウドを扱うことになったとしたら、どのように環境構築を行いますか？ それぞれのクラウドごとにアカウントを発行し、Webコンソールにログインしたり CLI を使ったりして環境構築を行っていくことになるでしょうか？ いずれにしても扱うクラウドの数が増えれば増えるほど大変さが増しますよね。それは、クラウドごとに利用方法が異なるからです。クラウドごとに異なる UI の Web コンソールがあり、それぞれの環境に合わせて作業を行う必要があります。

　コマンドを使う場合も同様です。クラウドごとに異なる CLI をダウンロードし、権限を設定し、コマンドを実行しなければいけません。同時並行で構築作業を行わなければいけない場合は、頭の切り替えが大変ですね（図4.1）。

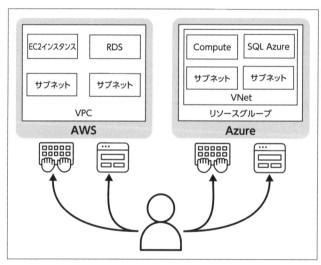

図4.1　クラウドごとにことなる UI を覚え、触らなければいけない

　そこで Terraform が役に立ちます。第2章と第3章で実感していただいたように、Terraform を使うと同じワークフロー・同じ文法で異なる環境に対して構築作業ができます。もちろん、Terraform が利用するクラウドアカウントの作成や権限の発行までは別に行っておく必要がありますが、一度環境が整ってしまえば

4.1 マルチクラウドこそTerraformの強み

後は同じフローで済んでしまうのです。

1. Terraformのコードを書いてリソースを定義する
2. 「terraform init」→「terraform plan」を行って構成の確認を行う（planは省略可能）
3. 「terraform apply」を行って環境を構築する
4. 環境が不要になったら「terraform destroy」を行って削除する

利用するクラウドが複数にわたったとしても同様のワークフローで作業が行えることは、個人においてもチーム作業においても大きなメリットになります（図4.2）。

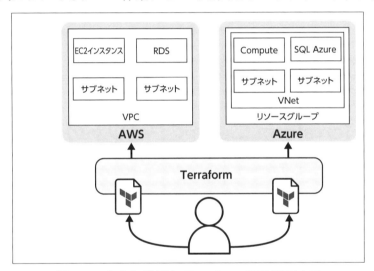

図4.2 大きな差異をTerraformで吸収できる

4.1.2 クラウドごとの知識は必要

ただし、よくある誤解として「Terraformさえ覚えてしまえば、どんなクラウドでも同じコードで構築ができる」というものがあります。残念ながら、Terraformは銀の弾丸ではありません。

Terraformで共通化できるのは、initからapplyに至るまでのワークフローであり、コードそのものの共通化はできません。それぞれのクラウドが持つリソー

スに応じたコードを書く必要があります。

　リソースをコードにしていくためには、それぞれのクラウドに対する知識が必要になります。例えば AWS で EC2 のリソースを作成する場合

- ◆ VPC
- ◆ サブネット
- ◆ セキュリティグループ
- ◆ インターネットゲートウェイ
- ◆ ルートテーブル
- ◆ EC2

などに対する知識と、それぞれの相関関係を理解しておく必要があります。ですので、全くの初心者がいきなり未経験のクラウドを構築できるようになるかというと、そんなことはありません。

4.1.3　Terraform によってクラウドの理解が早まる

　結局クラウドごとの知識が必要になるのであれば、Terraform を使うメリットがないじゃないかという話になります。しかし、そうではありません。どのクラウドにも、共通の言語で書かれた再現性の高いコードが存在することは、クラウドの理解を早めるための重要な要素になるのです。

　クラウドの知識はそれを使う人ごとに異なると思います。AWS の経験がある方もいるでしょうし、Azure が得意な人、Google Cloud が得意な人、さまざまでしょう。3 つのクラウドに経験がある手練れの方もいるかもしれませんが、そうでない方は本章や第 3 章を実践して環境構築を行ってみてください。未経験のクラウドだったとしても、どういうことをしているかは想像がつくのではないでしょうか？　クラウドごとにリソースの名前や位置付けは異なりますが、おおまかな方向性はあまり変わらないためです。

1. 仮想ネットワークの外枠を作る
2. 仮想ネットワークを小分けにする
3. インスタンスを作成し、ネットワークに接続させる

4. マネージドデータベースのインスタンスを作る
5. インスタンスに対してセキュリティを設定する

という項目については共通しており、それぞれ対応するリソースやパラメータが異なるだけなのです。こうした勘所が理解できるようになってくると、クラウドの学習効率が飛躍的に高まります。その一助となるのが、Terraform によるコード化なのです。

Terraform は、今回紹介するクラウドの他にもさまざまなクラウドに対応しています。例として、次のようなクラウドが挙げられます。

- Oracle Cloud Infrastructure
- IBM Cloud
- Alibaba Cloud

国内のクラウドベンダーとしては、

- さくらのクラウド（さくらインターネット）
- ニフクラ（富士通）
- SDPF クラウド/サーバー（NTT コミュニケーションズ）

などのプロバイダーが提供されています。他にもさまざまなサービスに対応していますので、Terraform Registry[1] を調べてみるのがよいでしょう。

4.2 Azure での環境構築

それでは Azure 上に環境を構築していきましょう。第 3 章の AWS と同等の構成を作り、比較できるようにするのが目標です。

---

[1] https://registry.terraform.io/

4.2.1 構築する構成

本項では、図 4.3 のような構成で環境を構築します。

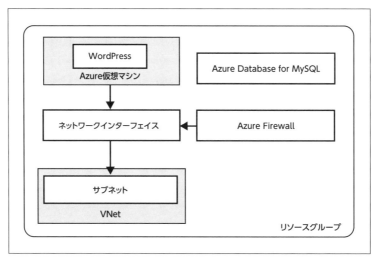

図 4.3　本章で構築する構成

全体の構成は AWS の場合と大きくは変わりません。WordPress を動かすコンピュートリソース、ネットワーク、データベース、ネットワークの制限を行うファイアーウォールという構成から成り立っています。対応するリソースは、それぞれ次のように置き換えられます。

- EC2 インスタンス → Azure Virtual Machine
- VPC → Azure Virtual Network
- サブネット → Azure Subnet
- RDS → Azure Database for MySQL フレキシブルサーバー
- セキュリティグループ → Azure Firewall

AWS の場合と Azure の場合でリソースの記述方法がどのように異なるのか、見比べるのも良いでしょう。

4.2.2 Azure プロバイダー

Azure の構築には、Azure プロバイダー[2] を利用します。Azure の提供するデプロイやリソースの管理機構である Azure Resource Manager の API を利用するため、azurerm という表記になっています。そのため、「Azure RM プロバイダー」と呼ばれることもありますが、本書では本プロバイダーのドキュメント表記に従い、「Azure プロバイダー」と呼ぶことにします。

4.2.3 Azure 環境の準備

まずは Terraform で構築する対象となる Azure 環境を準備します。

■ Azure アカウントの作成

Azure のアカウントをお持ちでない方は、マイクロソフトのサイト[3] にアクセスして作成を行ってください。本書執筆時点では、常時無料枠が設定されている他に、アカウント作成後 30 日間利用できる 200US ドル分の無料クレジットが付与されています。本項では、その無料枠および無料クレジットの枠内に収まるかたちで構築を行っていきます。

■ Azure CLI の設定

はじめに、Terraform に対し Azure 環境を構築するための権限を与える必要があります。Azure プロバイダーでは、次の方法で権限を与えられます。

- ◆ Azure CLI
- ◆ Service Principal
- ◆ Managed Identity

---

[2] https://registry.terraform.io/providers/hashicorp/azurerm/latest/docs
[3] https://azure.microsoft.com/ja-jp/free/

第 4 章　マルチクラウドで Terraform を活用

　手元の環境から実行する場合は、Azure CLI[4] を利用する方法が簡単です。Azure CLI をインストール後、次のコマンドでログインします[5]。

```
$ az login
```

　ログイン後、アカウントに紐付くサブスクリプション一覧を表示し、利用したいサブスクリプションを指定します。

```
$ az account list
```

　表示されたサブスクリプションの ID を控えておき、次のコマンドで利用するサブスクリプションを設定します。

```
$ az account set --subscription="<サブスクリプション ID>"
```

　Azure プロバイダーは指定がない場合はこの Azure CLI のログイン情報を使って権限を取得しますので、これだけで Terraform を実行できます。

■ Service Principal の作成

　手元からのみ実行する場合はこれだけで良いのですが、Terraform の実行環境によっては必ずしも Azure CLI が利用できるとは限りません。たとえば、Terraform の実行を自動化したい場合、環境上に Azure CLI をセットアップできないケースもあるでしょう。また、複数のアカウントを利用したい場合にも、都度 Azure CLI のログインを切り替える必要があり不便です。

　そこで、もうひとつの方法として Service Principal を利用する方法があります。Service Principal は、Azure Active Directory 上に作成されたアプリケーションです。このアプリケーションに対し、必要な権限を付与することで、Terraform

---

[4] https://learn.microsoft.com/ja-jp/cli/azure/install-azure-cli
[5] Web ブラウザが利用できない環境の場合 --use-device-code オプションを付けて実行します。

から Azure リソースを操作できます。

Service Principal を作成するには 2 つの方法があります。

- ◆ Azure Portal から作成する
- ◆ Azure CLI で作成する

まずは Azure CLI を利用して作成してみましょう。次のコマンドを実行してください。

```
$ az login  ← 管理者権限のあるアカウントでログイン
$ az account list  ← サブスクリプション一覧を表示。利用したいサブスクリプションID を控えておく
$ az account set --subscription="<サブスクリプションID>"
$ az ad sp create-for-rbac --role="Contributor" \
--scopes="/subscriptions/<サブスクリプションID>"
↓のような内容が表示される。これが Service Principal
{
  "appId": "00000000-0000-0000-0000-000000000000",
  "displayName": "azure-cli-2022-11-28-02-53-35",
  "password": "0000-0000-0000-0000-000000000000",
  "tenant": "00000000-0000-0000-0000-000000000000"
}
```

最後に表示された JSON 形式の値が Service Principal です。この情報は Terraform から利用しますので、安全な場所に控えておいてください。Terraform で利用する際には、それぞれの値を次の名称で利用します。

- ◆ appId → client_id
- ◆ password → client_secret
- ◆ tenant → tenant_id
- ◆ サブスクリプションID → subscription_id

Azure プロバイダーから Service Principal を利用する場合は、次の方法で認証情報を渡す必要があります。

◆ provider ブロックで渡す
◆ 環境変数で渡す

　ただし、セキュリティの観点から、provider ブロックで渡す方法は避けたほうが良いでしょう。第 3 章の IAM ユーザーの際にも同じ課題がありましたが、認証情報である Service Principal を Terraform のコードに直接書いてしまうことで、情報が流出する可能性があるからです[6]。特別な事情がない限りは、環境変数で渡す方法をお勧めします。次のような環境変数を設定することで、Terraform から Service Principal を利用できます。

```
$ export ARM_CLIENT_ID="<client_id(appId)>"
$ export ARM_CLIENT_SECRET="<client_secret(password)>"
$ export ARM_TENANT_ID="<tenant_id>"
$ export ARM_SUBSCRIPTION_ID="<subscription_id>"
```

4.2.4　リソースを作成する

　Azure アカウントと Service Principal の作成が完了したら、いよいよ構築に入りましょう。第 3 章で作成したのと同じような環境を、Azure でも自動で構築できることを確認します。

■ TF ファイルの作成

　それでは、コードを記述していきましょう。大きな流れは、第 3 章の AWS のときと変わりません。azure-terraform フォルダを作成し、その中に次の 3 つのファイルを作成します。

◆ main.tf
◆ variables.tf

---

[6] プライベートリポジトリであっても安心はできません。意図せずリポジトリの公開設定を変更してしまったり、リポジトリのバックアップが漏洩してしまったりすることも考えられるからです。

◆ outputs.tf

まず、main.tf を解説していきます。

■ terraform および provider ブロック

最初に作成するのは、terraform ブロックと provider ブロックです（リスト 4.1）。

リスト 4.1　main.tf

```
 1: terraform {
 2:   required_providers {
 3:     azurerm = {
 4:       source  = "hashicorp/azurerm"
 5:       version = "=4.6.0"
 6:     }
 7:   }
 8: }
 9:
10: provider "azurerm" {
11:   features {}
12:   subscription_id = var.subscription_id
13: }
```

terraform ブロック内（1〜8 行目）では Azure プロバイダーを利用する宣言とバージョンの指定をしています。また、provider ブロック（10〜13 行目）で Azure プロバイダーの利用の宣言と初期化を行っています。features 引数の記述は必須となっていますが、今回は空になっています。Azure プロバイダーにはさまざまな機能があり、それらを有効にする際に利用します。併せて、subscription_id を変数で渡せるようにしてあります。

次に、リソースグループと VNet、サブネット、NIC、パブリック IP を宣言します。

第4章 マルチクラウドで Terraform を活用

リスト 4.2　Azure CLI を使ったログイン

```
15: resource "random_string" "suffix" {
16:   length  = 8
17:   special = false
18:   numeric = true
19:   upper   = false
20:   lower   = true
21: }
22:
23: resource "azurerm_resource_group" "main" {
24:   name     = var.resource_group_name
25:   location = "Japan East"
26: }
27:
28: resource "azurerm_virtual_network" "main" {
29:   name                = "${var.vnet_name}-${random_string.suffix.result}"
30:   location            = azurerm_resource_group.main.location
31:   resource_group_name = azurerm_resource_group.main.name
32:   address_space       = ["10.0.0.0/16"]
33: }
34:
35: resource "azurerm_subnet" "subnet1" {
36:   name                 = "subnet1-${random_string.suffix.result}"
37:   virtual_network_name = azurerm_virtual_network.main.name
38:   resource_group_name  = azurerm_resource_group.main.name
39:   address_prefixes     = ["10.0.1.0/24"]
40: }
41:
42: resource "azurerm_network_interface" "linux_nic" {
43:   name     = "linux-nic-${random_string.suffix.result}"
44:   location = azurerm_resource_group.main.location
```

```
45:    resource_group_name = azurerm_resource_group.main.name
46:
47:    ip_configuration {
48:      name                          = "ipconfig-linux"
49:      subnet_id                     = azurerm_subnet.subnet1.id
50:      private_ip_address_allocation = "Dynamic"
51:      public_ip_address_id          = azurerm_public_ip.linux_pip.id
52:    }
53: }
54:
55: resource "azurerm_public_ip" "linux_pip" {
56:    name                = "linux-ip-${random_string.suffix.result}"
57:    location            = azurerm_resource_group.main.location
58:    resource_group_name = azurerm_resource_group.main.name
59:    allocation_method   = "Static"
60:    domain_name_label   = "lin-test-${random_string.suffix.result}"
61: }
62:
63: resource "random_password" "vm_password" {
64:    length           = 16
65:    special          = true
66:    override_special = "!#$%&*()-_=+[]{}<>:?"
67: }
```

　まず目を引くのは random_string リソースです（15 行目）。これは Azure プロバイダーのリソースではなく、HashiCorp が提供している Random プロバイダー[7] が提供しているリソースです。ランダム文字列生成のために利用されるもので、UUID やパスワード、文字列、ペットの名前などをランダムで生成できます。クラウドサービスには依存せず、Terraform 内部で完結するプロバイダーおよびリソースです。今回は、各リソースの末尾に付くサフィックスのために利用

---

[7] https://registry.terraform.io/providers/hashicorp/random/latest

第4章　マルチクラウドで Terraform を活用

しています。このサフィックスにより、同名のリソースが作られないようにしています。

次に記載されているのが、`azurerm_resource_group`（23 行目）です。これにより、Azure のリソースグループが生成されます。Azure Resource Manager はリソースグループを中心にリソースの構築を行うため、その後に宣言されているどのリソースも `resource_group_name` の指定があることがわかりますね（31 行目、38 行目、58 行目など）。直接値を記述するのではなく、`azurerm_resource_group` リソースで作成されたリソースグループの情報を `azurerm_resource_group.main.name` というかたちで作成したリソースグループ名を参照することで、全てに同じ値を設定できます。

次に設定するのが、Compute の設定です。AWS の EC2 に相当するもので、仮想マシンの構築をここで行います。また、仮想マシンの中で実行する WordPress の構築スクリプトは、Azure の Virtual Machine Extension という機能を使って実現しています。任意のスクリプトを構築後に走らせたい場合に便利です。

リスト 4.3　Compute の設定

```
69: resource "azurerm_linux_virtual_machine" "linux" {
70:   name                            = "linux"
71:   location                        = azurerm_resource_group.main.location
72:   resource_group_name             = azurerm_resource_group.main.name
73:   size                            = "Standard_B1s"
74:   admin_username                  = "adminuser"
75:   admin_password                  = random_password.vm_password.result
76:   network_interface_ids           = [azurerm_network_interface.linux_nic.id]
77:   disable_password_authentication = false
78:
79:   os_disk {
80:     caching              = "ReadWrite"
81:     storage_account_type = "StandardSSD_LRS"
82:   }
83:
```

4.2 Azureでの環境構築

```
 84:   source_image_reference {
 85:     publisher = "Canonical"
 86:     offer     = "0001-com-ubuntu-server-jammy"
 87:     sku       = "22_04-lts-gen2"
 88:     version   = "latest"
 89:   }
 90:
 91:   depends_on = [azurerm_network_interface_security_group_association.linux_
    nic_sg_assoc]
 92: }
 93:
 94: resource "azurerm_virtual_machine_extension" "linux_custom_script" {
 95:   name                 = "extension-linux2"
 96:   virtual_machine_id   = azurerm_linux_virtual_machine.linux.id
 97:   publisher            = "Microsoft.Azure.Extensions"
 98:   type                 = "CustomScript"
 99:   type_handler_version = "2.0"
100:
101:   settings = <<SETTINGS
102:     {
103:         "fileUris": ["https://gist.githubusercontent.com/jacopen/24bd7f588377
    22ad1019eb4a4c5f563b/raw/5ba73b106d28af48113cb03d98920b8f9d3d5d7f/setup-wp.sh"],
104:         "commandToExecute": "sh setup-wp.sh"
105:     }
106: SETTINGS
107: }
```

セキュリティグループの設定も入れておきましょう。

リスト4.4 セキュリティグループの設定

```
109: resource "azurerm_network_interface_security_group_association" "linux_nic_sg
    _assoc" {
```

```
110:    network_interface_id      = azurerm_network_interface.linux_nic.id
111:    network_security_group_id = azurerm_network_security_group.generic_sg.id
112: }
113:
114: resource "azurerm_network_security_group" "generic_sg" {
115:    name                = "generic-sg-${random_string.suffix.result}"
116:    location            = azurerm_resource_group.main.location
117:    resource_group_name = azurerm_resource_group.main.name
118:
119:    security_rule {
120:      name                       = "HTTP"
121:      priority                   = 103
122:      direction                  = "Inbound"
123:      access                     = "Allow"
124:      protocol                   = "Tcp"
125:      source_port_range          = "*"
126:      destination_port_range     = "80"
127:      source_address_prefix      = "*"
128:      destination_address_prefix = "*"
129:    }
130:
131:    security_rule {
132:      name                       = "HTTPS"
133:      priority                   = 102
134:      direction                  = "Inbound"
135:      access                     = "Allow"
136:      protocol                   = "Tcp"
137:      source_port_range          = "*"
138:      destination_port_range     = "443"
139:      source_address_prefix      = "*"
140:      destination_address_prefix = "*"
141:    }
142: }
```

次に、Azure Database for MySQL フレキシブルサーバーのリソースを作成します。

リスト 4.5　Azure Database for MySQL フレキシブルサーバーのリソース

```
144: resource "azurerm_mysql_flexible_server" "mysql_server" {
145:   name                = "mysql-server-${random_string.suffix.result}"
146:   location            = azurerm_resource_group.main.location
147:   resource_group_name = azurerm_resource_group.main.name
148:
149:   administrator_login         = "dba"
150:   administrator_password      = random_password.wordpress.result
151:   version                     = "5.7"
152:   sku_name                    = "B_Standard_B1ms"
153:   backup_retention_days       = 7
154:   geo_redundant_backup_enabled = false
155:
156:   delegated_subnet_id = azurerm_subnet.db_subnet1.id
157:
158:   lifecycle {
159:     ignore_changes = [
160:       zone
161:     ]
162:   }
163: }
164:
165: resource "azurerm_mysql_flexible_database" "wordpress_db" {
166:   name                = "wpdb"
167:   resource_group_name = azurerm_resource_group.main.name
168:   server_name         = azurerm_mysql_flexible_server.mysql_server.name
169:   charset             = "utf8"
170:   collation           = "utf8_unicode_ci"
171: }
172: resource "azurerm_mysql_flexible_server_configuration" "disable_tls" {
173:   name                = "require_secure_transport"
174:   resource_group_name = azurerm_resource_group.main.name
175:   server_name         = azurerm_mysql_flexible_server.mysql_server.name
176:   value               = "OFF"
177: }
```

```
178:
179: resource "azurerm_subnet" "db_subnet1" {
180:   name                 = "db-subnet-${random_string.suffix.result}"
181:   virtual_network_name = azurerm_virtual_network.main.name
182:   resource_group_name  = azurerm_resource_group.main.name
183:   address_prefixes     = ["10.0.2.0/24"]
184:   delegation {
185:     name = "mysql_delegation"
186:     service_delegation {
187:       name = "Microsoft.DBforMySQL/flexibleServers"
188:       actions = [
189:         "Microsoft.Network/virtualNetworks/subnets/join/action",
190:       ]
191:     }
192:   }
193: }
194:
195: resource "azurerm_mysql_flexible_server_firewall_rule" "subnet_access" {
196:   resource_group_name = azurerm_resource_group.main.name
197:   name                = "subnet-access"
198:   server_name         = azurerm_mysql_flexible_server.mysql_server.name
199:   start_ip_address    = "10.0.1.0"
200:   end_ip_address      = "10.0.2.255"
201: }
202:
203: resource "random_password" "wordpress" {
204:   length           = 16
205:   special          = true
206:   override_special = "!#$%&*()-_=+[]{}<>:?"
207: }
```

azurerm_mysql_flexible_server リソースでサーバーのインスタンスを立ち上げ (144 行目)、azurerm_mysql_flexible_database リソースでデータベース化しています (165 行目)。MySQL インスタンスへの設定は azurerm_mysql_flexible_server_configuration インスタンスを利用する

4.2 Azureでの環境構築

ことで設定ができます（172行目）。今回は、Wordpressが接続できるように、TLS接続の強制を無効化する設定を入れています。

また、`azurerm_subnet`リソースでサブネットを作成しています。このサブネットは、`azurerm_mysql_flexible_server`リソースの`delegated_subnet_id`に指定することで、MySQLインスタンスのサブネットとして指定しています（156行目）。あわせて、VMからMySQLインスタンスにアクセスできるように、`azurerm_mysql_flexible_server_firewall_rule`リソースでファイアーウォールルールを設定しています（195行目）。最後に、接続先やパスワードを取得するための`output`ブロックを`outputs.tf`（リスト4.6）に準備します。

リスト4.6　outputs.tf

```
 1: output "public_ip" {
 2:   value = azurerm_public_ip.linux_pip.ip_address
 3: }
 4: output "db_endpoint" {
 5:   value = azurerm_mysql_flexible_server.mysql_server.fqdn
 6: }
 7: output "db_password" {
 8:   value     = random_password.wordpress.result
 9:   sensitive = true
10: }
11:
12: output "vm_password" {
13:   value     = random_password.vm_password.result
14:   sensitive = true
15: }
```

`variable`ブロックを`variables.tf`（リスト4.7）に設定しておきます。

リスト4.7　variables.tf

```
 1: variable "resource_group_name" {
 2:   default = "rg"
```

```
 3: }
 4:
 5: variable "vnet_name" {
 6:   default = "vnet"
 7: }
 8:
 9: variable "subnet_name" {
10:   default = "subnet"
11: }
12:
13: variable "ssh_key_value" {
14:   default = ""
15: }
16:
17: variable "subscription_id" {
18: }
```

そして、実際に渡す Subscription ID を `terraform.tfvars`（リスト 4.8）に記述しましょう。

リスト 4.8　terraform.tfvars

```
subscription_id = "xxxxxxxx-xxxx-xxxx-xxxx-xxxxxxxxxxxx"   ← Azure の Subscription ID を指定
```

4.2.5　構築の実行

　コードが書けたら、「`terraform init`」を実行して初期化し、Plan を実行してみます。コマンドはこれまで学んで来た Docker や AWS のときと変わりません。唯一異なるのは Azure 向けの権限設定です。本節の準備段階で作成した環境変数を読み込んでおくのを忘れないようにしましょう。

```
$ terraform plan
```

4.2 Azureでの環境構築

■Apply して Azure を構築

Planの内容を確認して問題がなさそうであれば、Apply をします。Planが通っていますので `--auto-approve` を付けて自動的に承認しています。

```
$ terraform apply --auto-approve
  (中略)
Apply complete! Resources: 17 added, 0 changed, 0 destroyed.

Outputs:

db_endpoint = "mysql-server-abcdefgh.mysql.database.azure.com"
db_password = <sensitive>
public_ip = "xxx.xxx.xxx.xxx"
vm_password = <sensitive>
```

無事 Apply が通ったら、表示されている IP アドレスにブラウザでアクセスしてみましょう。WordPress のインストール画面が表示されたら成功です。

AWS の場合と同様に、データベースの設定をしていきましょう。データベース名は wpdb、ユーザー名は dba としています。データベースのホスト名は「`terraform output`」で表示される `db_endpoint` の値を入力しましょう。パスワードは、「`terraform output -raw db_password`」で取得できます。

問題なく設定ができていれば、WordPress のインストールが進むはずです。

■Destroy

諸々確認が終わったら、予期せぬ課金を防ぐためにリソースを削除しておきましょう。これまでと同じく、「`terraform destroy`」コマンドで削除可能です。

```
$ terraform destroy
```

4.2.6 Azure 構築のまとめ

ここまで Azure を使った環境構築を解説しました。Terraform で定義するリソースやそのパラメータはクラウドによって異なりますが、基本的な構文および実行のワークフローは変わらないというところがおわかりいただけたのではないでしょうか。

■ 関連情報

今回は Azure の一部機能のみを紹介しましたが、Terraform で構築可能なリソースはたくさんあります。それらの利用方法は、Terraform Registry にある AzureRM プロバイダーのドキュメント[8] を参照するのが良いでしょう。また、HashiCorp のドキュメントだけでなく Azure にあるドキュメントにも Terraform に特化したページ[9] が用意されているため、そちらも参考にしてみてください。

■ 利用できるモジュール

AzureRM プロバイダーを利用したモジュールも数多く用意されています。代表的なものを紹介します。

▎Compute

https://registry.terraform.io/modules/Azure/compute/azurerm/latest

▎VNET

https://registry.terraform.io/modules/Azure/vnet/azurerm/latest

▎AKS（Azure Kubernetes Service）

https://registry.terraform.io/modules/Azure/aks/azurerm/latest

▎CAF（Cloud Adoption Framework）

https://registry.terraform.io/modules/aztfmod/caf/azurerm/latest

---

[8] https://registry.terraform.io/providers/hashicorp/azurerm/latest/docs
[9] https://learn.microsoft.com/ja-jp/azure/developer/terraform

4.3 Google Cloud での環境構築

Google Cloud は、Google が提供するクラウドサービスです。AWS や Azure と並んで採用されることが多い人気のサービスで、2 社と同様に IaaS や PaaS、SaaS などのクラウドサービスを提供しています。

Terraform においては、HashiCorp のオフィシャルプロバイダーとして Google プロバイダーが提供されており、これを使って Google Cloud の構築を自動化できます。

4.3.1 構築する構成

本項では、図 4.4 のような構成で環境を構築します。こちらも AWS の場合と

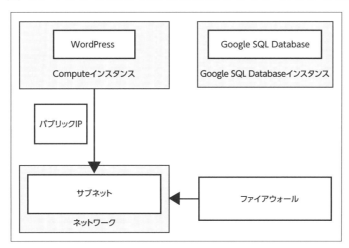

図 4.4　本章で構築する構成

大きくは変わりませんが、対応するリソースが次のように置き換えられています。

- EC2 インスタンス → Google Compute Engine インスタンス
- RDS → Cloud SQL
- セキュリティグループ → Cloud NGFW

AWS の場合と Google Cloud の場合でリソースの記述方法がどのように異なるのか、見比べるのも良いでしょう。

4.3.2　Google Cloud 環境の準備

まずは Terraform で構築する対象となる Google Cloud 環境を準備します。

■ Google Cloud アカウントの作成

Google Cloud のアカウントをお持ちでない方は、Google Cloud のサイト[10]にアクセスして作成を行ってください。本書執筆時点では、常時無料枠が設定されている他に、アカウント作成後 30 日間利用できる 300US ドル分の無料クレジットが付与されています。本項では、その無料枠および無料クレジットの枠内に収まるかたちで構築を行っていきます。

■ Google Cloud プロジェクトの作成

次に、次のページから Google Cloud プロジェクトを作成します。

新しいプロジェクト

https://console.cloud.google.com/projectcreate

すでに利用したいプロジェクトを所持している方は、そちらを使っていただいても構いません。その場合は、プロジェクト一覧ページから確認できるプロジェクト ID を控えておいてください。

作成が終わったら、プロジェクトに対して Google Compute Engine の有効化を行います。

Google Compute Engine の有効化

https://console.cloud.google.com/flows/enableapi?apiid=compute.googleapis.com

GIdentity and Access Management（IAM）API

https://console.cloud.google.com/flows/enableapi?apiid=iam.googleapis.com

---

[10] https://cloud.google.com/free/

Cloud Resource Manager API
https://console.cloud.google.com/flows/enableapi?apiid=cloudresourcemanager.googleapis.com

■ サービスアカウント

　プロジェクトの準備が終わったら、次に作成するのはサービスアカウントです。Google Cloud を操作する権限を Terraform に与えるために必要です。AWS でいう IAM アカウント、Azure でいう Service Principal に相当すると考えると良いでしょう。

　Google Cloud のページから、[IAM と管理] をクリックした後、メニュー内の [サービスアカウント] をクリックします。次に [サービス アカウントを作成] をクリックすると、サービスアカウントの作成画面に入ります。「サービスアカウント名」「サービスアカウント ID」「サービスアカウントの説明」には任意の文字列が使えますが、今回は次のような設定で解説します。

サービスアカウント名：terraform
サービスアカウント ID：terraform
サービスアカウントの説明：入門 Terraform

　入力が終わったら、[作成して続行] をクリックします。
　次に [ロール] プルダウンから [オーナー] を選択します。選択が終わったら [続行] ボタンを押してください。[ユーザーにこのサービス アカウントへのアクセスを許可] の画面では、何も設定せずに [完了] ボタンを押してください。これでサービスアカウントの作成が完了しました。
　Terraform で利用するためには、このサービスアカウントの権限を渡すために Service Account Key が必要となります。作成したサービスアカウントを一覧の中から探してクリックしてください。
　次に作成したサービスアカウントのページから [キー] のタブを選択し、[鍵を追加] プルダウンから [新しい鍵を作成] を選択してください。秘密鍵の作成画面が表示されますので、キーのタイプでは [JSON] を選択し、[作成] ボタンをクリックしてください。すると、ブラウザから JSON ファイルのダウンロードが

行われます。このJSONファイルをTerraformに渡してあげることで環境の構築が可能となります[11]。

Terraformに渡すためには、`GOOGLE_APPLICATION_CREDENTIALS`環境変数としてパスを渡します。ダウンロードしたJSONを、ユーザーのホームディレクトリ直下に保存している場合は次のようになります。違う場所に保存している場合は、そのパスを指定してください。

```
export GOOGLE_APPLICATION_CREDENTIALS="~/<ダウンロードしたJSONのファイル名>"
```

もしくは、`GOOGLE_CREDENTIALS`にJSONの中身を格納しておきます。

```
export GOOGLE_CREDENTIALS=$(cat ~/<ダウンロードしたJSONのファイル名>)
```

4.3.3 リソースを作成する

それでは、Google Cloudに構築するリソースの作成を行っていきましょう。

■ TFファイルの作成

これまでと同じ流れでコードを記述していきましょう。`gcp-terraform`フォルダを作成し、その中に次の3つのファイルを作成します。

- `main.tf`
- `variables.tf`
- `outputs.tf`

■ `terraform`および`provider`ブロック

まずはGoogleプロバイダーを使うために、`terraform`ブロックと`provider`ブロックを記述します（リスト4.9）。

---

[11] このJSONファイルはGoogle Cloudへの権限を持つ鍵ですので、くれぐれも外部には漏らさないように注意してください。

4.3 Google Cloud での環境構築

リスト 4.9 main.tf

```
 1: terraform {
 2:   required_providers {
 3:     google = {
 4:       source  = "hashicorp/google"
 5:       version = "=6.8.0"
 6:     }
 7:   }
 8: }
 9:
10: provider "google" {
11:   project = var.project
12:   region  = var.region
13:   zone    = var.zone
14: }
```

次に、Google Cloud の API を有効化するためのリソースを宣言します（リスト 4.10）。これはプロジェクト全体に適用される設定で、意図せぬ削除を防ぐために `disable_on_destroy` を `false` にしています（19 行目）。

リスト 4.10 Service の有効化

```
16: resource "google_project_service" "sqladmin" {
17:   project = var.project
18:   service = "sqladmin.googleapis.com"
19:   disable_on_destroy = false
20: }
21:
22: resource "google_project_service" "enable_service_networking" {
23:   project = var.project
24:   service = "servicenetworking.googleapis.com"
```

```
25:     disable_on_destroy = false
26: }
```

次に、ネットワーク関連のリソースを宣言しましょう(**リスト4.11**)。Google Cloud のネットワークはリージョンを指定しないグローバルリソースとなっているので、渡しているパラメータはネットワーク名のみです。サブネットにはリージョンを指定する必要があるため、`variables` で `region` を設定できるようにしています(35行目)。AWS や Azure はネットワークに対してリージョン(ロケーション)を指定する必要がありましたので、クラウドベンダーごとの設計思想の違いを感じられますね。

リスト4.11　VPC Network

```
28: resource "google_compute_network" "vpc_network" {
29:   name = "terraform-network"
30: }
31:
32: resource "google_compute_subnetwork" "public_subnet" {
33:   name          = "public-subnet"
34:   ip_cidr_range = "10.0.1.0/24"
35:   region        = var.region
36:   network       = google_compute_network.vpc_network.id
37: }
```

次に、Compute Instance と Public IP のリソースを宣言します(**リスト4.12**)。WordPress のセットアップを行うスタートアップスクリプトは、`google_compute_instance` リソースの `metadata` に直接記述しています(58〜74行目)。

リスト4.12　GCE Instance の設定

```
39: resource "google_compute_address" "static" {
40:   name = "ipv4-address"
```

```
41: }
42:
43: resource "google_compute_instance" "vm_instance" {
44:   name         = "terraform-instance"
45:   machine_type = "f1-micro"
46:
47:   service_account {
48:     email  = google_service_account.sql_service_account.email
49:     scopes = ["https://www.googleapis.com/auth/sqlservice.admin"]
50:   }
51:
52:   boot_disk {
53:     initialize_params {
54:       image = "debian-cloud/debian-11"
55:     }
56:   }
57:
58:   metadata = {
59:     startup-script = <<-EOF
60:       #!/bin/bash
61:
62:       sudo apt update
63:       sudo apt install -y apache2 php php-mbstring php-xml php-mysqli
64:
65:       wget http://ja.wordpress.org/latest-ja.tar.gz -P /tmp/
66:       tar zxvf /tmp/latest-ja.tar.gz -C /tmp
67:       sudo rm -rf /var/www/html/*
68:       sudo cp -r /tmp/wordpress/* /var/www/html/
69:       sudo chown www-data:www-data -R /var/www/html
70:
71:       sudo systemctl enable apache2.service
72:       sudo systemctl restart apache2.service
73:     EOF
```

```
74:    }
75:    network_interface {
76:      subnetwork = google_compute_subnetwork.public_subnet.name
77:      access_config {
78:        nat_ip = google_compute_address.static.address
79:      }
80:    }
81:
82:    tags = [ "web" ]
83: }
```

次に、Cloud SQL で MySQL を立ち上げるための記述を行います(リスト4.13)。分量が多いように思いますが、これは Google Cloud で Cloud SQL インスタンスにプライベート接続を行うために、プライベートサービスアクセス[12]を有効にする記述が含まれているからです。

リスト4.13　Cloud SQL の設定

```
85: resource "google_compute_global_address" "private_ip_address" {
86:    provider       = google
87:    name           = "private-ip-address"
88:    purpose        = "VPC_PEERING"
89:    address_type   = "INTERNAL"
90:    prefix_length  = 16
91:    network        = google_compute_network.vpc_network.id
92: }
93:
94: resource "google_service_networking_connection" "private_vpc_connection" {
95:    provider              = google
96:    network               = google_compute_network.vpc_network.id
97:    service               = "servicenetworking.googleapis.com"
```

---

[12] https://cloud.google.com/sql/docs/mysql/private-ip?hl=ja#network_requirements

4.3 Google Cloud での環境構築

```
 98:     reserved_peering_ranges = [google_compute_global_address.private_ip_address.na
    me]
 99:     deletion_policy         = "ABANDON"
100:     depends_on              = [google_compute_global_address.private_ip_address, g
    oogle_compute_network.vpc_network]
101: }
102:
103: resource "google_service_account" "sql_service_account" {
104:   account_id   = "cloud-sql"
105:   display_name = "Cloud SQL Service Account"
106: }
107:
108: resource "google_sql_database_instance" "mysql" {
109:   name                = "mysql-instance"
110:   database_version    = "MYSQL_5_7"
111:   deletion_protection = false
112:
113:   settings {
114:     tier = "db-f1-micro"
115:
116:     ip_configuration {
117:       private_network = google_compute_network.vpc_network.id
118:       ssl_mode        = "ALLOW_UNENCRYPTED_AND_ENCRYPTED"
119:     }
120:   }
121:
122:   depends_on = [google_project_service.sqladmin, google_service_networking_conne
    ction.private_vpc_connection]
123: }
124:
125: resource "google_sql_database" "wordpress_db" {
126:   name     = "wpdb"
127:   instance = google_sql_database_instance.mysql.name
128: }
129:
130: resource "google_sql_user" "root" {
```

```
131:    name     = "dba"
132:    instance = google_sql_database_instance.mysql.name
133:    password = random_password.wordpress.result
134: }
135:
136: resource "random_password" "wordpress" {
137:    length          = 16
138:    special         = true
139:    override_special = "!#$%&*()-_=+[]{}<>:?"
140: }
```

外部からポートにアクセスできるようにするため、ファイアーウォールの設定を入れます（リスト4.14）。

リスト4.14　ファイアーウォールの設定

```
144: resource "google_compute_firewall" "main" {
145:    name    = "main-firewall"
146:    network = google_compute_network.vpc_network.name
147:
148:    allow {
149:      protocol = "icmp"
150:    }
151:
152:    allow {
153:      protocol = "tcp"
154:      ports    = ["22", "80", "443"]
155:    }
156:
157:    source_ranges = ["0.0.0.0/0"]
158: }
```

最後に、接続先やパスワードを取得するためのoutputブロックをoutputs.tf（リスト4.15）に準備します。

4.3 Google Cloud での環境構築

リスト 4.15　outputs.tf

```
 1: output "public_ip" {
 2:   value = google_compute_address.static.address
 3: }
 4:
 5: output "db_endpoint" {
 6:   value = google_sql_database_instance.mysql.private_ip_address
 7: }
 8:
 9: output "db_password" {
10:   value     = random_password.wordpress.result
11:   sensitive = true
12: }
```

`variable` ブロックを `variables.tf`（リスト 4.16）に設定しておきます。

リスト 4.16　variables.tf

```
1: variable "project" {}
2:
3: variable "region" {
4:   default = "asia-northeast1"
5: }
6: variable "zone" {
7:   default = "asia-northeast1-a"
8: }
```

そして、`terraform.tfvars` ファイルを作成し、Google Cloud のプロジェクト ID を指定します（リスト 4.17）。この際、指定するのはプロジェクト名ではなくプロジェクト ID であることに注意してください。プロジェクト ID は、コン

ソール左上のプロジェクト一覧プルダウンをクリックすると出てくる「プロジェクトを選択」画面にて確認できます。

リスト 4.17　terraform.tfvars

```
project = "<プロジェクトID>"
```

4.3.4　構築の実行

コードが書けたら、Plan をして確認します。いつものように、「terraform plan」を行います。この際、Google Cloud の Service Account Key を環境変数に読み込んでおくのを忘れないようにしましょう。

```
$ terraform init
$ terraform plan
```

■ Apply

Plan が通ることを確認したら、Apply を行います。

```
$ terraform apply --auto-approve
 (中略)
Apply complete! Resources: 3 added, 0 changed, 0 destroyed.

Outputs:

db_endpoint = "10.37.0.5"
db_password = <sensitive>
public_ip = "34.85.103.117"
```

無事 Apply が通ったら、表示されている IP アドレスにブラウザでアクセスしてみましょう。WordPrses のインストール画面が表示されたら成功です。AWS や Azure の場合と同様に、データベースの設定をしていきましょう。データベース名

はwpdb、ユーザー名はdbaとしています。データベースのホスト名は「terraform output」で表示されるdb_endpointの値を入力しましょう。パスワードは、「terraform output -raw db_password」で取得できます。

■ Destroy

諸々の確認が終わったら、予期せぬ課金を防ぐためにリソースを削除しておきましょう。これまでと同じく、「terraform destroy」コマンドで削除可能です。

```
$ terraform destroy
```

4.3.5　Google Cloud 構築のまとめ

Google CloudにおいてもTerraformコードを書いてしまえば、AWSやAzureと同じワークフローで運用ができることが確認いただけたかと思います。

■ 関連情報

Google Cloudにおいても、Terraformで構築可能なリソースはたくさんあります。それらの利用方法は、Terraform RegistryにあるGoogleプロバイダーのドキュメント[13]を参照するのが良いでしょう。また、HashiCorpのドキュメントだけでなくGoogle CloudにあるドキュメントにもTerraformに特化したページ[14]が用意されているため、そちらも参考にしてみてください。

■ 利用できるモジュール

Googleプロバイダーを利用したモジュールも数多く用意されています。代表的なものを紹介します。

---

[13] https://registry.terraform.io/providers/hashicorp/google/latest
[14] https://cloud.google.com/docs/terraform

Project Factory

https://registry.terraform.io/modules/terraform-google-modules/project-factory/google/latest

IAM

https://registry.terraform.io/modules/terraform-google-modules/iam/google/latest

Google Cloud モジュール

https://registry.terraform.io/modules/terraform-google-modules/gcloud/google/latest

GKE（Goodle Kubernetes Engine）

https://registry.terraform.io/modules/terraform-google-modules/kubernetes-engine/google/latest

いかがでしたでしょうか。第2章からここまで続けて試された方はお気づきでしょうが、`terraform`のコマンドの流れはDockerであろうとも、AWSであろうとも、AzureやGoogle Cloudであろうとも一切変わりません。一度Terraformの実行方法を覚えてしまえば、その後困ることはないでしょう。

また、Terraformコードで宣言するリソースは各クラウドごとに異なります。大まかな構成に関しては大差ありませんが、リソース名やパラメータ、リソース間の組み合わせの設定方法それぞれのクラウドの仕組みに従います。このような設定の差は、Terraform Registryにあるドキュメントを読めるようになっておけば、スムーズにキャッチアップが進みます。

第5章
HCP Terraformを使った チーム運用

　これまでの章では、手元の環境にダウンロードしたterraformコマンドを利用して構築を行ってきました。自分一人でTerraformを活用するのであればこれでも良いのですが、チームでTerraformを活用したい場合は、HashiCorpが提供するクラウドサービスHCP Terraformを使うと便利に利用できます。

5.1 HCP Terraformとは何か

　HCP TerraformはHashiCorpが提供するマネージドサービスです。HCPとはHashiCorp Cloud Platformの略で、Terraformを始めとしたHashiCorpのプロダクトに関するクラウドサービスをまとめて提供しています。

　ここまでみなさんに体験していただいたコミュニティ版のTerraformは、手元にダウンロードして利用するCLIでした。利用にあたって、とくにサーバーなどは必要なく、単体で利用できるものでしたよね。

5.1.1 Terraform 単体だと困ること

　CLI だけで済むシンプルな体験も Terraform のメリットのひとつといえるのですが、全てのシーンで必ずしも最適な選択肢とは限りません。ここでは、チームで Terraform を利用して 1 つの環境をメンテナンスする場合を考えてみましょう。

　例えば、自身のインフラ運用チームが AWS 環境でシステムを構築していて、次のように Terraform を利用していたとします。

- チームのメンバーは 4 人で、全員が Terraform の経験者
- まずはあなたが自身の PC 上で最初のバージョンの `.tf` ファイルを書き、「`terraform apply`」で環境構築した

　ここまでは大きな問題はないでしょう。

　次に、同じチームの B さんに新たなリソースを追加してもらうことにします。この場合、まずは書いた Terraform のコードを共有しなくてはいけません。コードを共有するにはさまざまな方法が考えられますが、主に次のような共有方法が考えられます。

- Git にコードを push する
- 共通して利用できるサーバー（踏み台サーバー）を用意してコードを配置する

　踏み台サーバーを使いながら、単純にコードの履歴を管理する目的で Git を使っているケースもあるかもしれません。こうした方法でコードの共有ができれば、問題なく作業を B さんに引き継げそうですが、Terraform の場合は、ここで大事な作業がひとつ漏れています。それは、ステートファイルの共有です。

　第 2 章でも解説しましたが、ステートファイルは Terraform の運用において非常に重要なファイルです。このファイルを共有しないまま「`terraform apply`」を実行すると、Terraform は新規構築だと判断し、改めて全てのリソースを作成しようとします。しかし、実際には作成済みのリソースが存在するため、リソースの重複によるエラーや、予期せぬ上書きが発生してしまう可能性があります。また、第 2 章で利用した `.tfvars` ファイルをどう扱うかを考える必要があります

（図 5.1）。

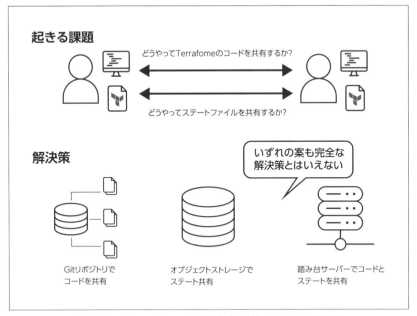

図 5.1　Terraform を複数人で使うときの課題

このように、1人だけであれば問題なく運用できていた Terraform も、複数人での利用を考えると途端に解決すべき問題が生じてしまうのです。

5.1.2　Terraform 運用のベストプラクティス

こうした複数のメンバーによる Terraform の運用については、Terraform を開発している HashiCorp からベストプラクティス[1]が提唱されています。ポイントとしては、次のようになります。

- ◆ 手動で行っていたプロビジョニングやデプロイのプロセスを自動化する
- ◆ インフラの構成に一貫性を持たせる
- ◆ Terraform コードをバージョンコントロールシステムで管理して修正履歴を残す

---

[1] https://developer.hashicorp.com/terraform/cloud-docs/recommended-practices

- Terraformのエキスパートが Terraform コードをテンプレート化（Terraform モジュールを作成）し、Terraform の初心者はそれらを利用する
- Terraform のワークスペース単位でアクセス制御を実施することにより、プロダクション環境を保護する
- アプリケーションの機能を開発する側は直接 Terraform コードを書かない。ただしインフラの状態や変更内容は常に見られるようにしておく

　これらのプラクティスを実践していくことで、Terraform をチームで運用する際に生じる課題の解決が期待できますが、実際にはさまざまな準備や仕掛けが必要です。こうした仕組みを独自に作っていくことも可能ですが、ネット上のサービスとしてできるだけ簡単に実現できるようにしたのが、HCP Terraform です。

5.1.3　HCP Terraform が提供する機能

　HCP Terraform は Terraform のチーム運用を前提とした SaaS（Software as a Service）です。次のような特徴があります。

- ステートファイルの共有と管理
- Terraform コードのリモート実行
- Git との連携
- パスワードやクレデンシャルなどの管理

　チーム運用に役立つさまざまな機能を提供しており、Terraform のベストプラクティスに従った、チームでの Terraform の運用を手軽に導入できます。
　HCP Terraform ではさまざまなプランが用意されており、基本的な機能であれば無料で利用可能です。無料プランで提供される機能は表 5.1.3 のようになっています。

5.1　HCP Terraform とは何か

機能名	説明
State Repository	ステートファイルを自動生成してバージョン管理
VCS Connection	GitHub のような VCS リポジトリと連携
Private Repository	Terraform モジュールを保存・共有するためのプライベートリポジトリを提供
Cost Estimation	HCP Terraform がコスト予測可能な対象リソースに対して1時間あたり・月あたりの変動額を予測して表示
Variable Repository	キーバリュー形式で変数を環境変数もしくは Terraform コードの変数として保存
Policy as Code	ポリシーを定義してセキュリティチェックなどを自動化 *
Run Tasks	HashiCorp のテクノロジーパートナーが提供するサービスを Plan と Apply のあいだのステージで実行 **

* 無料プランでは設定できるポリシーの数は 5 個まで
** 無料プランでは連携できるサービスは 1 つまで

表 5.1　HCP Terraform 無料プランの機能一覧

有償プランでは表 5.1.3 のような本番環境でのチームや組織による Terraform の運用を想定した、より高度な機能が提供されています。

機能名	説明
Audit Logs	監査ログを保存・出力
Drift Detection	Terraform が管理しているインフラの状態と実際のインフラの状態の差分を定期的に検知および結果を通知
Continuous Validation	アサーションを定義してインフラを定期的にテストおよび結果を通知
No Code Provisioning	Private Repository に登録した Terraform モジュールに対してワークスペースを作成してプロビジョニング

表 5.2　HCP Terraform 有償プランの機能一覧

　例えば、先ほど課題に挙げたステートファイルの管理や Git との連携などについては無料の範囲で利用が可能です。
　まずは無料プランを利用して、Terraform の運用を改善してみましょう。

第 5 章　HCP Terraform を使ったチーム運用

5.2 HCP Terraform のサインアップ

最初に、HCP Terraform のアカウントを作成しましょう。サインアップページ（図 5.2）にアクセスし、ユーザー名とメールアドレス、パスワードを設定してください。

HCP Terraform のサインアップページ
https://app.terraform.io/public/signup/account

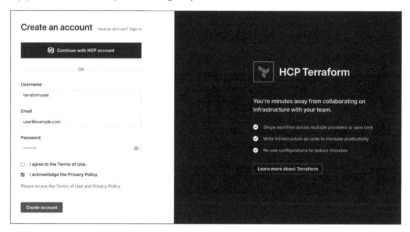

図 5.2　HCP Terraform のサインアップ

入力が終わったら、［Create account］ボタンをクリックするとアカウントが作成されます。入力したメールアドレスに確認用メールが飛びますので、メール本文のリンクをクリックしてアカウントの確認を行ってください。

5.3 ステートファイルの移行

HCP Terraform はさまざまな方法で利用できますが、まずは誰もが困りがちなステートファイルの管理機能を使ってみましょう。Terraform の State Repository 機能を使うと、ステートファイルを HCP Terraform 上に保存できるようになり

5.3 ステートファイルの移行

ます。そうすることで、手元でステートファイルを管理する必要がなくなり、どの環境からでも気軽に Terraform を実行できるようになります。

まずは、第3章で利用していた AWS 環境を構築するシンプルなステートファイルを、HCP Terraform に移行してみましょう。

5.3.1 ローカルでステートファイルを作成しておく

HCP Terraform のアカウント作成が終わると、図 5.3 のような画面になります。

図 5.3 HCP Terraform の初期設定

新しい Organization を作るメニューが現れますので、自身が使用する Organization を作っておきます（図 5.4）。

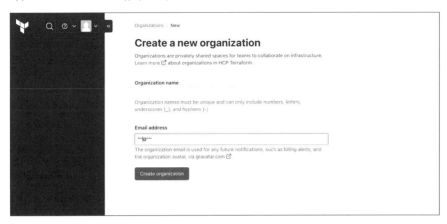

図 5.4 Organization の作成

第 5 章　HCP Terraform を使ったチーム運用

Organization の名前を入力したら、[Create organization] をクリックします。

次に、端末を立ち上げて第 3 章で利用した AWS 環境向けの Terraform フォルダに移動しましょう。すでに環境を destroy されている人もいると思いますので、再度「terraform apply」を行って環境を作成しておきましょう。でき上がった tfstate ファイルを覗いて見ると、作成した環境のステート情報が記録されていることがわかります。

```
$ terraform apply
(中略)
$ ls
main.tf    terraform.tfstate
$ cat terraform.tfstate
{
  "version": 4,
  "terraform_version": "1.3.1",
  "serial": 2,
  "lineage": "9313e2a5-0a99-4d12-19eb-117dabae7203",
  "outputs": {},
  "resources": [
    {
      "mode": "managed",
      "type": "aws_instance",
(後略)
```

5.3.2　HCP Terraform 向けの設定を追加

次に、main.tf ファイルをエディタで開き、terraform ブロックの中に HCP Terraform 向けの設定を追加します（リスト 5.1）。

リスト 5.1　main.tf

```
1:  terraform {
2:    required_providers {
```

```
 3:      aws = {
 4:        source  = "hashicorp/aws"
 5:        version = "~> 4.30"
 6:      }
 7:    }
 8:    cloud {
 9:      organization = "<Organization名>"
10:
11:      workspaces {
12:        name = "aws-infra"
13:      }
14:    }
15:  }
```

「`organization = "<Organization名>"`」の部分には、作成したOrganizationの名前を入力します。`workspace`には任意の名称が指定可能ですが、今回は`aws-infra`という名前にしましょう。

5.3.3 ログイン

次に、「`terraform login`」を実行しましょう。

```
$ terraform login

Terraform will request an API token for app.terraform.io using your browser.

If login is successful, Terraform will store the token in plain text in
selectfont the following file for use by subsequent commands:
    /home/jacopen/.terraform.d/credentials.tfrc.json

Do you want to proceed?
  Only 'yes' will be accepted to confirm.

  Enter a value: yes    ← yesを入力
```

「Do you want to proceed?」と聞かれますので、yes と入力すると URL が表示されます。この URL をブラウザで開くと図 5.5 のような画面が表示されます。

図 5.5　トークンの作成

［Generate token］をクリックすると、図 5.6 のようにトークンが表示されますので、クリップボードにコピーしておきます。

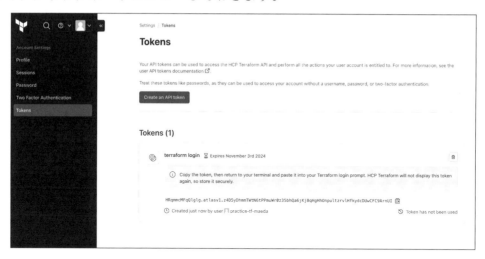

図 5.6　ログイントークン

ターミナルに戻ると、「Enter a value」というところで入力待ちになっています。ここにトークンをペーストします。

```
Terraform must now open a web browser to the tokens page for app.terraform.io.
If a browser does not open this automatically, open the following URL to proceed:
```

```
        https://app.terraform.io/app/settings/tokens?source=terraform-login

---------------------------------------------------------------------------

Generate a token using your browser, and copy-paste it into this prompt.

Terraform will store the token in plain text in the followingfile
for use by subsequent commands:
    /home/jacopen/.terraform.d/credentials.tfrc.json

Token for app.terraform.io:
  Enter a value:   ← トークンをペースト
```

これでこの環境の `terraform` コマンドは、HCP Terraform にログインした状態になりました。

5.3.4 ステートファイルを移行

それでは、ステートファイルを HCP Terraform に移行してみましょう。移行は簡単で、「`terraform init`」をやり直すだけです。

`terraform` ブロックに追加した設定により、Terraform がステートファイルを HCP Terraform に移行して良いかどうか聞いてきます。ここで yes と入力すると、自動的にステートファイルがアップロードされます。

```
$ terraform init

Initializing Terraform Cloud...
Do you wish to proceed?

As part of migrating to Terraform Cloud, Terraform can optioally copy your
  current workspace state to the configured Terraform Cloud workspace.

  Answer "yes" to copy the latest state snapshot to the configured
```

```
    Terraform Cloud workspace.

    Answer "no" to ignore the existing state and just activate the configured
    Terraform Cloud workspace with its existing state, if any.

    Should Terraform migrate your existing state?

    Enter a value: yes  ← yesを入力

Initializing provider plugins...
- Reusing previous version of hashicorp/aws from the dependency lock file
- Using previously-installed hashicorp/aws v4.33.0

Terraform Cloud has been successfully initialized!
Answer "no" to ignore the existing state and just activate the configured
You may now begin working with Terraform Cloud. Try running "terraform plan" to
see any changes that are required for your infrastructure.

If you ever set or change modules or Terraform Settings, run "terraform init"
again to reinitialize your working directory.
```

これだけでステートファイルの移行は完了です。

5.3.5　Workspaceを確認する

　作成したWorkspaceを確認してみましょう。左上のTerraformのマークをクリックしてHCP Terraformのトップに戻るとOrganizationの一覧が表示されます。作成したOrganizationをクリックするとWorkspaceの一覧が表示されます（図5.7）。

　Workspaceは、Terraformで構築したインフラに関連する情報を管理する場所です。先ほどのステートや、.tfvarsに設定していた変数、Gitリポジトリとの連携設定などがこのワークスペース内に格納されます。作成したWorkspaceを

5.3 ステートファイルの移行

図 5.7　Workspace の一覧を表示

クリックすると Workspace の概要が表示されるので、左のメニューの［States］をクリックします（図 5.8）。

図 5.8　State の詳細

State ファイルの状態が表示されます。これは、移行前にフォルダに存在していたものと同一の内容になっています。

では、手元にあったステートファイルはどうなっているのでしょうか。中身を

第 5 章　HCP Terraform を使ったチーム運用

確認すると、空っぽになっていることがわかります。

```
$ cat terraform.tfstate
（何も表示されない）
```

つまり、手元にあったステートファイルの中身は全て HCP Terraform に移行されたことになります。手元のステートファイルは削除しても問題ありません。

```
$ rm -f terraform.tfstate terraform.tfstate.backup
```

5.4 HCP Terraform 上での実行

HCP Terraform にステートファイルを移行しましたので、手元にステートファイルがない状態でもちゃんと動くか試してみましょう。

5.4.1 Plan を実行する

まずは「terraform plan」を実行してみます。

```
$ terraform plan
Running plan in Terraform Cloud. Output will stream here. Pressing Ctrl-C
will stop streaming the logs, but will not stop the plan running remotely.

Preparing the remote plan...
（中略）
Initializing plugins and modules...

Error: error configuring Terraform AWS Provider: no valid credential sources
for Terraform AWS Provider found.

 Please see https://registry.terraform.io/providers/hashicorp/aws
 for more information about providing credentials.
```

5.4 HCP Terraform 上での実行

```
Error: failed to refresh cached credentials, no EC2 IMDS rolefound, operation
error ec2imds: GetMetadata, request send failed, Get "http://169.254.169.254ap
latest/meta-data/iam/security-credentials/": dial tcp 169.254.169.254:80
: i/o timeout

  with provider["registry.terraform.io/hashicorp/aws"],
  on main.tf line 17, in provider "aws":
  17: provider "aws"

peration failed: failed running terraform plan (exit 1)
```

エラーが出て止まってしまいました。ステートファイルの移行に失敗してしまったのでしょうか？ ただ、エラー文を見ると様子が異なります。「no valid credential sources found.」とありますので、AWSへの権限がないというエラーを出していますね。しかしこれもおかしな話です。さっきまでは手元で正しく動いていたように見えたのに、なぜ突然権限の問題が起きてしまったのでしょうか？

5.4.2 ローカル実行で確認する

この挙動の理由は、HCP Terraform の実行モードにあります。HCP Terraform では、Terraform の実行を「クラウド側で行う」Remote Execution と、「手元で実行する」Local Execution の2つの実行モードがあります。HCP Terraform は、ワークスペースを作成した段階では自動的に Remote Execution になっています。しかし、Remote 側には AWS を操作するための権限を何も与えていないため、今回のエラーが発生したというわけです。

最終的には Remote 実行を行うように設定しますが、まずはローカル実行で動くかどうかを確認してみましょう。HCP Terraform にアクセスし、aws-infra ワークスペースに移動してください。次に、左側のメニューにある [Settings] をクリックしましょう。すると、[General Settings] の画面が開きます。その中か

第 5 章　HCP Terraform を使ったチーム運用

らExecution Modeの項目を探してください。デフォルトでは［Remote］となっていますので、ここを［Local］と選択してください（図 5.9）。［Save settings］ボタンをクリックすると設定が保存されます。

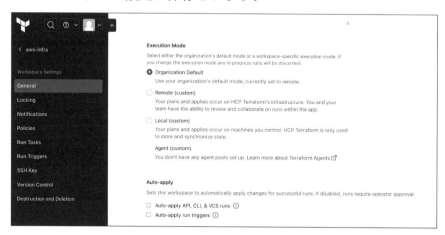

図 5.9　Execution Mode の変更

これでローカル実行が行われるようになりましたので、再度「terraform plan」を実行してみましょう。

```
$ terraform plan
aws_instance.test_server: Refreshing state... [id=i-016f532acf759e04b]

No changes. Your infrastructure matches the configuration.

Terraform has compared your real infrastructure against your configuration and
found no differences, so no changes are needed.
```

今回は問題なく実行できました。差分も発生していないため、「No changes. Your infrastructure matches the configuration.」と表示されています。手元にステートファイルがない状態でも、HCP Terraform 上のステートファイルを利用して問題なく実行できることが確認できました。

HCP Terraform でステートファイルの共有が可能になりましたので、同一の

コードを使って複数の環境から実行することも可能になっています。チームで運用するには便利になりますね。

5.4.3 リモート実行で確認する

次は先ほど失敗したRemote Executionで動くようにしましょう。ローカル実行の場合は、手元で動かしている`terraform`コマンドによって処理が行われますが、リモート実行の場合は`terraform`コマンドの実行を契機として、実際の処理はHCP Terraform側で行われるようになります。環境をHCP Terraform側に統一できるため、手元の環境のOSやTerraformのバージョンの細かな差異に影響されることなくTerraformを実行できるようになります。

■ Execution Modeの変更

先ほど設定を変更した、ワークスペースの［Settings］＞［General Settings］から［Execution Mode］を［Remote］に変更してください。［Save settings］ボタンをクリックすると設定が保存されます。

このまま`plan`を実行しても、先ほどと同じエラーが出てきてしまうだけです。先ほど出たエラーはAWSへの権限がないという内容でした。リモート実行はHCP Terraform側で動作するため、HCP TerraformにAWSへアクセスできる権限を付与する必要があります。

■ keyの追加

モードを［Remote Execution］に変更すると、［Workspace］＞［aws-infra］のメニューに［Variables］という項目が追加されます。ここに、HCP Terraformで利用する変数を設定できます。いったんWorkspaceのメニューに戻って［Variables］をクリックしてみましょう。［Variables］の画面が開いたら、［＋Add Variable］というボタンをクリックしてください（図5.10）。

ここで、AWSにアクセスするためのキーを設定していきます。まずは、第3章で作成したIAMユーザーのアクセスキー、シークレットアクセスキーを準備してください。そして、［Select variable category］から［Environment variable］を

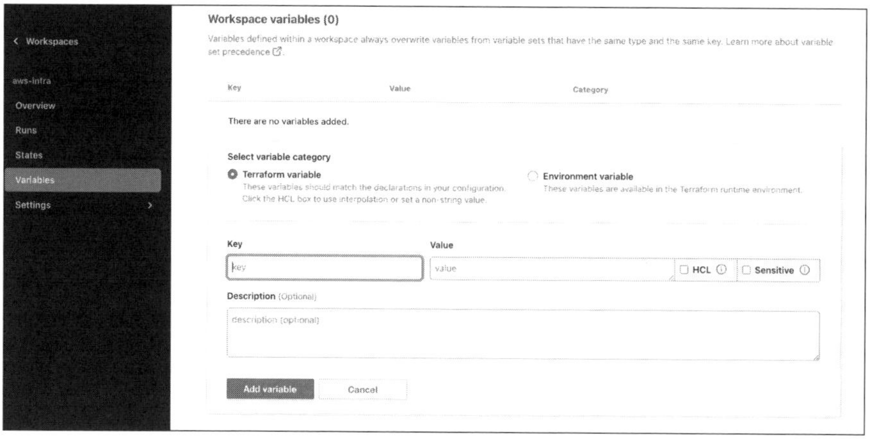

第 5 章　HCP Terraform を使ったチーム運用

図 5.10　Variables の設定

選択し、[Key] に `AWS_ACCESS_KEY_ID`、[Value] に実際のアクセスキーの値を入れます。また、[Value] の横にある [Sensitive] チェックボックスにチェックを入れておきます。このチェックを入れると、[Value] に設定した値を画面から閲覧できなくなりますので、機密性が求められるパスワードやシークレットキーなどの値に向いています。必ずチェックしておくようにしましょう。

入力が終わったら [Save variable] ボタンをクリックして保存します。同様の手順で、`AWS_SECRET_ACCESS_KEY` も設定しましょう。

加えて、[AWS_REGION] に `ap-northeast-1` という値を設定しておきます。繰り返しになりますが、[Environment variable] を選択するのを忘れないようにしましょう。

これで、HCP Terraform 上で AWS にアクセスするための権限が設定されました。再度 `plan` を実行してみましょう。

```
$ terraform plan
Running plan in Terraform Cloud. Output will stream here. Pressing Ctrl-C
will stop streaming the logs, but will not stop the planunninrg remotely.

Preparing the remote plan...
```

```
To view this run in a browser, visit:
https://app.terraform.io/app/jacopen-test21/aws-infra/runs/run-dQZGH4SSfhLnVs1

Waiting for the plan to start...

Terraform v1.3.1
on linux_amd64
Initializing plugins and modules...
aws_instance.test_server: Refreshing state... [id=i-016f532cfa759e04b]

No changes. Your infrastructure matches the configuration.

Terraform has compared your real infrastructure against your configuration and
found no differences, so no changes are needed.
```

　エラーなく実行できました。出力内容には、HCP Terraform でリモート実行している旨の記載が増えています。

　このように、HCP Terraform を利用すると手元で処理をするのではなくリモート側で実行できるようになります。行える構築や出力内容は同じでも、実行環境そのものがリモート側に移っていますので、例えばローカル環境のバージョンや OS の差に影響されることなく、常に同じ環境で実行できます。実行環境を統一できるとは限らないチームでの運用においては、メリットになります。

5.5 VCS と連携する

　次はリモート実行をさらに発展させ、VCS（バージョン管理システム）と連携させた Terraform の実行を行います。HCP Terraform は GitHub、GitLab などの VCS のサービスと連携させることで、コミットがあった際に Terraform コードを自動的に実行するように設定できます。

5.5.1 Git および GitHub の準備

今回は GitHub との連携を解説します。

VCS 連携を利用するために、まずは連携先となるリポジトリを GitHub に作成しましょう。GitHub アカウントをお持ちでない方は、アカウント作成を行ってください。

Join GitHub

https://github.com/signup

自身のアカウントでサインインしたら、右上のメニューから［New repository］ボタンをクリックして新しいリポジトリを作成します。［Repository name］には `terraform-aws-infra` と入力し、［Description］は任意の値を入力してください。公開レベルは［Public］でも［Private］でも構いません[2]。

［Initialize this repository with a README］にはチェックを入れず、［Add .gitignore］は［Terraform］を選択、［Choose a license］は［None］を選択してください。最後に［Create repository］ボタンをクリックしてリポジトリを作成します（図 5.11）。

［Add .gitignore］を選択した場合、GitHub により自動で .gitignore ファイルが作成されます（リスト 5.2）。このファイルには、Terraform で使用するファイルのうちリポジトリにコミットするべきでないものを除外するための設定が記載されています。

リスト 5.2 .gintignore

```
1: # Local .terraform directories
2: **/.terraform/*
3:
4: # .tfstate files
5: *.tfstate
```

---

[2] Public を選んだ場合はコードが全ての人から閲覧可能な状態となるのでご注意ください。

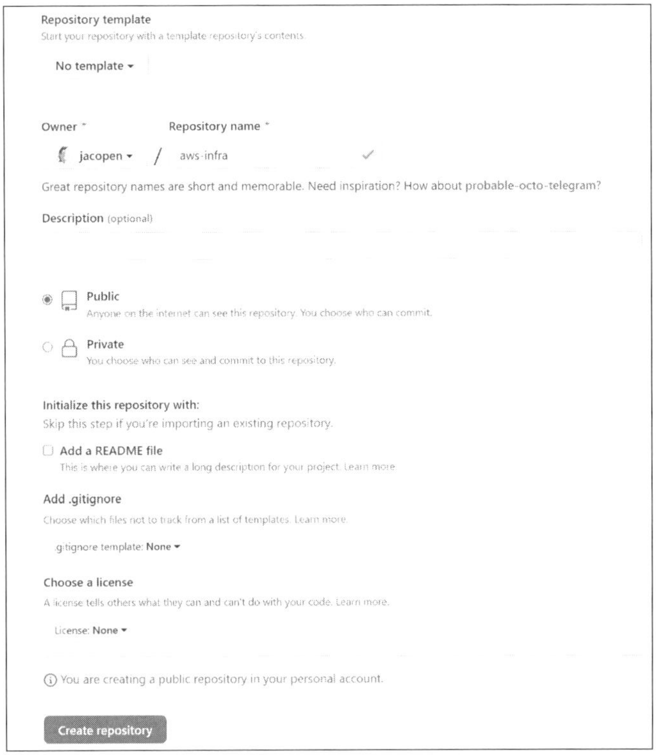

5.5 VCSと連携する

図 5.11 リポジトリの作成

```
 6: *.tfstate.*
 7:
 8: # Crash log files
 9: crash.log
10: crash.*.log
11:
12: # Exclude all .tfvars files, which are likely to contain sensitive data, such as
13: # password, private keys, and other secrets. These should not be part of version
14: # control as they are data points which are potentially sensitive and subject
15: # to change depending on the environment.
16: *.tfvars
17: *.tfvars.json
18:
```

```
19: # Ignore override files as they are usually used to override resources locally
20: # and so rare not checked in
21: override.tf
22: override.tf.json
23: *_override.tf
24: *_override.tf.json
25:
26: # Ignore transient lock info files created by terraform apply
27: .terraform.tfstate.lock.info
28:
29: # Include override files you do wish to add to version control using negated pattern
30: # !example_override.tf
31:
32: # Include tfplan files to ignore the plan output of command: terraform plan -out=tfplan
33: # example: *tfplan*
34:
35: # Ignore CLI configuration files
36: .terraformrc
37: terraform.rc
```

.terraformフォルダや*.tfstateファイル、crash.logファイルなどが指定されています。もし.gitignoreの自動生成を忘れてしまった場合は、手動で作成したのちに**リスト5.2**の内容を記載すると良いでしょう。

リポジトリの作成が完了したら、Terraformのコードが含まれているディレクトリをGitで管理できるようにしましょう。先ほどまで利用していた`aws-infra`ディレクトリに移動して、`git`コマンドを使ってリポジトリの設定を行います[3]。

```
$ git init
$ git remote add origin <作成したリポジトリのURL>
```

---

[3] なお、この一連の設定を行う前に、必ずフォルダ上のコードに機密情報（AWSのシークレットキーやパスワードなど）が含まれていないことを確認しましょう。機密情報が含まれている場合は、コミットする前に削除するか、.gitignoreに追加してコミット対象から外す必要があります。

```
$ git pull
$ git checkout -b main origin/main
$ git add main.tf
$ git commit -m "first commit"
$ git push
```

　これでTerraformのコードがGit管理下に入り、GitHub上にコードが反映されました。

5.5.2　HCP TerraformとGitHubの連携

　次に、HCP TerraformとGitHubを連携させます。HCP Terraformのワークスペースは、これまで利用してきた`aws-infra`をそのまま利用します。HCP Terraform上でワークスペースを開き、[Settings]メニューをクリックします。次に、[Version Control]をクリックすると、VSC連携の設定画面が表示されます。[Connect to version control]をクリックしてください。

　[Choose your workflow]では[Version control workflow]をクリック。次に連携する先のVCSプロバイダーを選択する画面が出ます（図5.12）。[GitHub]プルダウンをクリックし、[GitHub.com]を選択してください。

第 5 章　HCP Terraform を使ったチーム運用

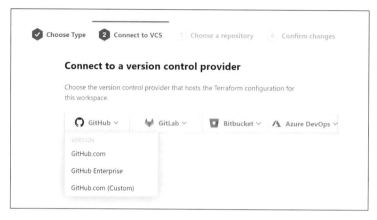

図 5.12　VCS の選択画面

するとポップアップウィンドウが開き（図 5.13）、GitHub 側から HCP Terraform へアクセスできるように許可を求められます[4]。

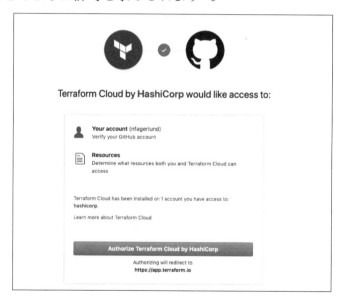

図 5.13　VCS の選択画面

---

[4] ポップアップが禁止されている場合は設定を変更してこのサイトでポップアップが表示できるようにします。

[Authorize Terraform Cloud by HashiCorp] をクリックしてください。次に、リポジトリを選択する画面が表示されます。先ほど作成した `terraform-aws-infra` リポジトリを探し、選択してください。

最後に、Workspace Settings の画面が表示されます。ここでは、VCS 連携した際の Workspace の挙動を細かく設定できます。今回は表 5.3 の設定を行います。

表 5.3　Workspace Settings の項目一覧

設定	値	備考
Terraform Working Directory	空欄	リポジトリ内のどのフォルダを利用するかを指定。今回はルートディレクトリを利用するため、空欄
Auto-apply API, CLI, & VCS runs	空欄	Plan が成功した場合に Apply を自動的に実行するかを指定
Auto-apply run triggers	空欄	指定されたワークスペースの Apply が完了するたびに、Run Trigger が新しい Plan を作成
Automatic Run Triggering	Always trigger runs	Run が実行されるタイミングを指定。今回は常に実行するように設定
VCS Branch	空欄	対象となる Branch を指定。今回は空欄（デフォルトブランチ）
Automatic speculative plans	チェック	Pull Request に対して自動で Speculative plan が実行されるかどうかを指定
Include submodule on clone	チェックしない	リポジトリ内のサブモジュールを利用するかどうかを指定。今回は利用しないため、チェックを外す

設定が終わったら [Update VCS settings] をクリックして設定を保存します。

Workspace のトップページに戻ると、リポジトリの内容を元に自動的に Plan が実行されているはずです。もし数分待っても Plan が実行されていない場合は、[Actions] プルダウンから [Start new run] を選択してください。

[See details] をクリックすると内容の詳細を確認できます（図 5.14）。

[Plan finished] が表示されているはずです。今回は手元にあったコードを GitHub

第 5 章　HCP Terraform を使ったチーム運用

図 5.14　Plan が実行されている

に移行しただけなので、Terraform 自体にはとくに何も変更が行われていません。
［No changes］と表示され、そこで処理が終了しています（図 5.15）。

図 5.15　Plan が No changes で終わっている

5.5.3　リポジトリを更新する

　では、実際に Terraform の実行が行われるように、GitHub 側のコードを修正してみましょう。まず手元のリポジトリに移動して、`main.tf` を開きます。そし

5.5 VCSと連携する

て、`aws_instance`リソースにタグを追加してみましょう。

```
resource "aws_instance" "test_server" {
  ami           = "ami-0f36dcfcc94112ea1"
  instance_type = "t2.micro"

  tags = {
    Name = "TestInstance", ← 行末にカンマを追加
    ManagedBy = "HCP Terraform" ← 追加
  }
}
```

修正が終わったら、「`terraform validate`」で検証したあと、「`terraform fmt`」で整形、そしてGitの各コマンドを実行してGitHubにコードを反映させます。

```
$ terraform validate
$ terraform fmt
$ git add main.tf
$ git commit -m "Add tag"
$ git push
```

　この状態でHCP Terraformを見てみましょう。ワークスペースのLatest Runが更新されており、先ほどのコミットに対して自動でPlanが行われているはずです。[See datails]をクリックしてください。[Plan finished]となっており、プルダウンをクリックすると変更点が表示されているはずです（図5.16）。
　内容は手元で「`terraform plan`」を実行した際に表示されるものと同じですが、より構造化されたかたちで表示されています。内容を確認し、問題なさそうであれば[Confirm and Apply]をクリックしてください。すると、Applyが実行されてAWS側に反映が行われます。
　このように、GitHubをはじめとしたVCS連携を行うことで、もはや`terraform`コマンドを叩かなくてもTerraformのplan→applyのワークフローが回せるよ

第 5 章　HCP Terraform を使ったチーム運用

図 5.16　差分が表示されている

うになりました。［Settings］の［Version Control］から［Auto apply］を選択すると、Plan が成功した場合に自動で Apply が実行されるようになるため、さらに手間を省くことも可能です（図 5.17）。

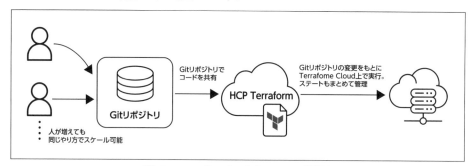

図 5.17　チームでの IaC の運用

また、Terraform のコードを書く人と［Apply］ボタンを押す人を分けることによって、環境に反映する前にレビューを行うことも可能になります。これにより、より信頼性を高めたインフラの構築が可能になるわけです。

チームで利用するのであれば HCP Terraform の併用がお勧めという理由をお

わかり頂けたでしょうか。

　この章ではHashiCorpが提供するマネージドサービスHCP Terraformについて紹介してきました。HCP Terraformを使うことで、コミュニティ版Terraformの運用課題を解決し、HashiCorpが提唱しているベストプラクティスを簡単に実現できます。ぜひフリー版のHCP Terraformにサインアップして、一通りの機能を試してみてください。

第6章
モジュールの活用

この章では、Terraformのモジュールについて紹介していきます。モジュールを利用することでTerraformコードの再利用や部品化が可能になるほか、既存のモジュールを利用して開発効率を上げることも可能です。

6.1 Terraformにおけるモジュール

ここではまず、モジュールが必要とされる理由やTerraformにおけるモジュールがどのようなものかを見ていきます。

6.1.1 コードの複雑化に伴う問題

Terraformでインフラを管理していると、管理するインフラの規模に応じてTerraformコードが複雑化しがちです。1つのTerraformコードのファイルやTerraformコードを管理するディレクトリ構造の複雑さに制限はないため、単一のディレクトリに大きくなったTerraformコードを書き続けて、インフラを管理することも可能です。

しかし、そのようなTerraformコードの管理をしていると、次のような課題が発生する可能性が高くなります。

- ◆ Terraformコード全体の理解が難しくなる

第 6 章　モジュールの活用

- Terraform コードのあるセクションを更新すると、コードの他の部分に意図しない結果を引き起こす可能性があり、Terraform コードの更新にリスクを伴うようになる
- 開発環境・ステージング環境・本番環境を別々に設定する場合など、似たような Terraform コードの重複が生じ、更新の負担が増える
- プロジェクト間やチーム間で Terraform コードの一部を共有したい場合、コードのブロックを切り貼りするとエラーが起きやすく、メンテナンスが難しくなる
- コードの理解と修正のために Terraform に対する知識が必要となり、セルフサービスワークフローの実現を難しくし、開発を遅らせる可能性がある

これらの課題に対してモジュールがどのように対処できるのか、Terraform のモジュールの仕組み、モジュールを使用・作成する際のベストプラクティスについて説明していきたいと思います。

6.1.2　モジュールとは？

Terraform のモジュールは、プログラミング言語のライブラリのようにコード中で定義しているものではありません。Terraform におけるモジュールとは、**あるディレクトリに置かれたファイル群に含まれる Terrafrom コードの集まり**を表します。それらの集まりをコード中から指定して読み込ませることでコードの部品化や再利用ができるようになります（図 6.1）。

例えば、terraform コマンドが実行されると、カレントディレクトリの .tf ファイル群を読み込みますが、これらもモジュールの一種です。カレントディレクトリにある一連の Terraform コードは**ルートモジュール**と呼ばれます。

6.1 Terraform におけるモジュール

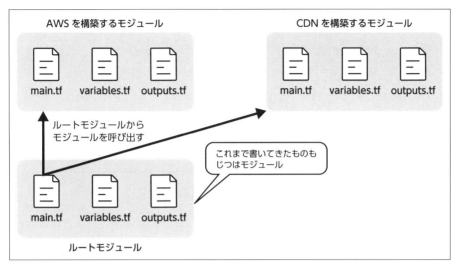

図 6.1 「モジュール」のかたちで、Terraform のファイル群を分割できる

6.1.3 モジュールの呼び出し

HCL（HashiCorp Configuration Language）からは、`module` ブロックでモジュールを呼び出すことができます[1]。

例えば、次のようなディレクトリ構造の環境があるとします。

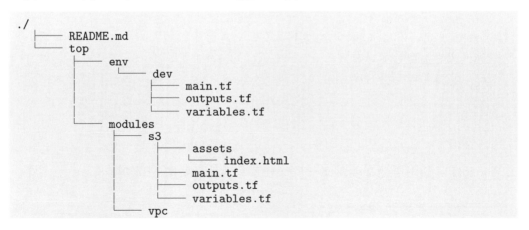

---

[1] https://developer.hashicorp.com/terraform/language/modules/syntax

```
├── main.tf
├── outputs.tf
└── variables.tf
```

top/env/dev にある main.tf に リスト 6.1 のような Terraform コードがある場合、module ブロックの部分で top/modules/s3 の Terraform コードも読み込んで処理を行います[2]。

リスト 6.1　top/env/dev ディレクトリ配下の main.tf

```
 1:  provider "aws" {
 2:    region = var.region
 3:  }
 4:
 5:  module "s3-webapp" {
 6:    source = "../../modules/s3"
 7:    name   = var.name
 8:    region = var.region
 9:    prefix = var.prefix
10:  }
```

「source = "../../modules/s3"」でモジュールとして読み込むディレクトリを相対パスで指定しています。

また、モジュールはリモートのソースをネットワーク経由でロードすることもできます。Terraform は、Terraform Registry[3]、GitHub や Bitbucket のようなバージョン管理システム、HTTP URL、HCP Terraform や Terraform Enterprise のプライベートモジュールレジストリなど、さまざまなリモートソースをサポートしています。利用可能なモジュールソースの全リストは Module Sources ドキュ

---

[2] ディレクトリ内の outputs.tf はリソースからの出力をまとめたもので、第 3 章で触れています。variables.tf はモジュール呼出し時に渡すパラメータの定義で、こちらは後述します。

[3] https://registry.terraform.io/browse/modules

メント[4] から確認できます。

6.1.4 モジュールのメリット

上記のようなかたちで利用する Terraform モジュールですが、前述の課題の解決を含め、モジュールを上手く活用することで次のようなメリットがあります。

- **Terraform コードの整理**
  コードをまとめて部品化しておくことで、Terraform コードの理解、更新を容易にします。インフラストラクチャを実装する Terraform コードは、数百行から数千行になることがあります。モジュールを活用することで、Terraform コードを論理的なコンポーネントに分割し、整理することができます。
- **Terraform コードのカプセル化**
  Terraform コードを個別の論理コンポーネントにカプセル化しておけば、コードの一部分を変更した際に他のインフラを変更してしまうなど、意図しない結果を防ぐことができます。例えば、2 つの異なるリソースに同じ名前を使用するような単純なエラーの可能性を減らせます。
- **Terraform コードの再利用**
  全ての Terraform コードをゼロから記述するのは時間がかかり、エラーが発生しやすくなります。実績のある Terraform コードを再利用することで時間を節約し、コストのかかるエラーを減らすことができます。
- **一貫性を提供し、ベストプラクティスを保証**
  モジュールは Terraform コードの一貫性を提供するのにも役立ちます。一貫性を持たせることで、複雑な Terraform コードが理解しやすくなるだけでなく、全ての Terraform コードにベストプラクティスが適用されるようになります。
- **セルフサービス**
  Terraform コードを他のチームが簡単に使えるようにし、インフラストラクチャ構築のセルフサービス化を促進します。また、HCP Terraform や Terraform Enterprise のプライベートモジュールレジストリ機能を使うと、組織内の他の

---

[4] https://developer.hashicorp.com/terraform/language/modules/sources

チームが公開し、承認されたモジュールを見つけて再利用できます。さらに、Terraform の専門知識を深く持たないチームが、組織の標準やポリシーに準拠した独自のインフラストラクチャを素早く正確にプロビジョニングできるように、No-code Ready モジュールをプライベートモジュールレジストリに公開して、利用することもできます。

このように、Terraform モジュールの特長は多くのプログラミング言語で見られるライブラリ、パッケージ、モジュールの特長と同様であり、多くの同じ利点を提供することができます。

6.1.5 モジュールのベストプラクティス

HashiCorp は Terraform モジュール利用のためのベストプラクティスを公開しています。

Module best practices
https://developer.hashicorp.com/terraform/tutorials/modules/module#module-best-practices

ここではベストプラクティスのポイントを要約して紹介します。

1. ある程度複雑な Terraform コードを一人で管理する場合でも、モジュールを念頭に置いてコードを書き始める
2. モジュールを使いすぎると Terraform コード全体の理解や保守が難しくなるため、Terraform プロバイダーが提供するリソースタイプを組み合わせて、テンプレートとしてのインフラストラクチャのビルディングブロックを作成する。こうすることで、インフラストラクチャがより簡単に管理できるようになる
3. ローカルモジュールを使ってコードを整理し、カプセル化する。リモートモジュールを使ったり公開したりしないとしても、最初からモジュール化の観点でコードを整理しておけば、インフラストラクチャが複雑化するにつれて保守や更新の負担が大幅に軽減される

4. 有用なモジュールを見つけるために、公開されている Terraform Registry を使うようにする。一般的なインフラストラクチャのシナリオを他の人の成果物を利用して実装することで、迅速かつ自信を持って Terraform コードを実装できる
5. モジュールを公開し、チームで共有する。ほとんどのインフラストラクチャはチームで管理されており、モジュールはチームが協力してインフラストラクチャを作成・維持するための重要な手段になる
6. HCP Terraform や Terraform Enterprise のプライベートモジュールレジストリに公開する場合、リポジトリの名前は terraform-<PROVIDER>-<NAME> という命名規則に従う必要がある。将来的に、HCP Terraform や Terraform Enterprise のプライベートモジュールレジストリを利用する可能性がある場合、作成時からこの命名規則に準拠するようにする

上記のプラクティスを含め、他にも次のドキュメントなどを参考に、より良い Terraform モジュールの活用を行ってください。

Module creation
https://developer.hashicorp.com/terraform/tutorials/recommended-patterns/pattern-module-creation

次節以降では、実際にモジュールを活用する手順を紹介していきます。

6.2 パブリックモジュール

前述のように Terraform Registry に多くのモジュールが公開されており、これらはパブリックモジュールと呼ばれます（図 6.2）。

Modules
https://registry.terraform.io/browse/modules

Terraform Registry のモジュールの画面左側にある [Filters] パネルから、[Tier]

第 6 章　モジュールの活用

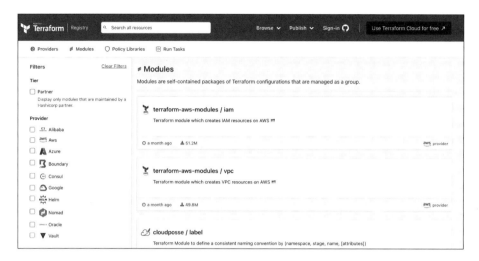

図 6.2　Terraform Registry に登録されているパブリックモジュール

もしくは［Provider］を選択することで、条件に合致したモジュールのみを表示させられます（図 6.3）。

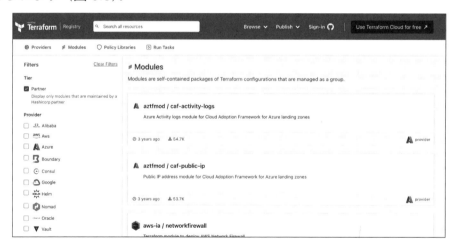

図 6.3　HashiCorp パートナーによってメンテナンスされているモジュール

一例として、パブリックモジュールにある、AWS、Azure、Google Cloud のモジュールを見ていきます。

6.2 パブリックモジュール

6.2.1 AWS

Terraform RegistryのモジュールのFiltersパネルの項目「Tier」で［Partner］、Providerで［AWS］にチェックを入れると図6.4のように表示されます。

図6.4　AWSによってメンテナンスされているAWS関連のモジュール

表示されたモジュールの［aws-ia / vpc］モジュールをクリックして、VPCモジュールを見てみます（図6.5）。

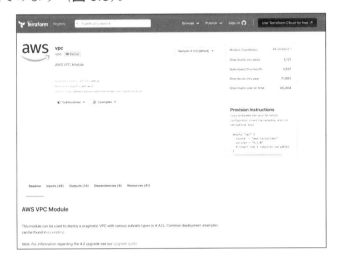

図6.5　AWS VPCモジュール

第 6 章　モジュールの活用

このモジュールは、アベイラビリティーゾーンにさまざまなタイプのサブネットを持つ VPC（Virtual Private Cloud）の作成に加えて、インターネットゲートウェイや NAT ゲートウェイ、ルートテーブル等を作成できます。ページには、モジュールに関する情報とソースリポジトリへのリンクが表示されます。

このページには、モジュールのバージョン、モジュールの使用方法、およびモジュールを利用する際の Terraform コードのサンプルを選択するためのドロップダウンインターフェイスがあります。このモジュールの場合、モジュールの [Usage] で、`source` と `version` の 2 つの引数を設定していることがわかります（図 6.6）。

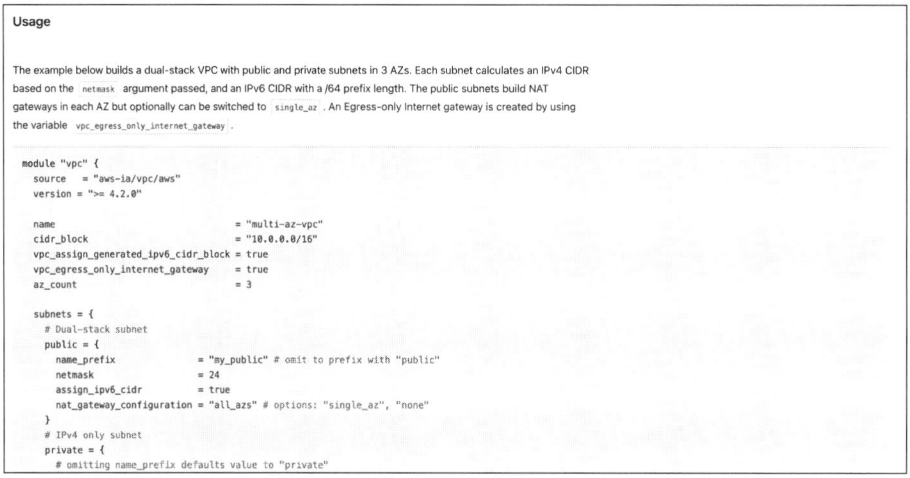

```
Usage
The example below builds a dual-stack VPC with public and private subnets in 3 AZs. Each subnet calculates an IPv4 CIDR
based on the  netmask  argument passed, and an IPv6 CIDR with a /64 prefix length. The public subnets build NAT
gateways in each AZ but optionally can be switched to  single_az . An Egress-only Internet gateway is created by using
the variable  vpc_egress_only_internet_gateway .

module "vpc" {
  source  = "aws-ia/vpc/aws"
  version = ">= 4.2.0"

  name                                 = "multi-az-vpc"
  cidr_block                           = "10.0.0.0/16"
  vpc_assign_generated_ipv6_cidr_block = true
  vpc_egress_only_internet_gateway     = true
  az_count                             = 3

  subnets = {
    # Dual-stack subnet
    public = {
      name_prefix               = "my_public" # omit to prefix with "public"
      netmask                   = 24
      assign_ipv6_cidr          = true
      nat_gateway_configuration = "all_azs" # options: "single_az", "none"
    }
    # IPv4 only subnet
    private = {
      # omitting name_prefix defaults value to "private"
```

図 6.6　AWS VPC モジュールの Usage

`source` 引数：Terraform モジュールを使うときに必要な設定値。設定例では、Terraform は与えられた文字列にマッチするモジュールを Terraform Registry から検索する。URL やローカルモジュールを使うこともできる

`version` 引数：必須ではないが、Terraform モジュールを使用する際は含めることが強く推奨される。この引数を指定することで、Terraform が読み込むモジュールのバージョンを指定できる。`version` 引数を指定しないと Terraform は最新バージョンのモジュールを読み込む

Terraform は `module` ブロック内の他の引数をモジュールの入力変数として扱

6.2 パブリックモジュール

います。モジュールで入力できる変数は、モジュールの Terraform Registry ページで［Inputs］タブをクリックすることで確認できます（図6.7）。

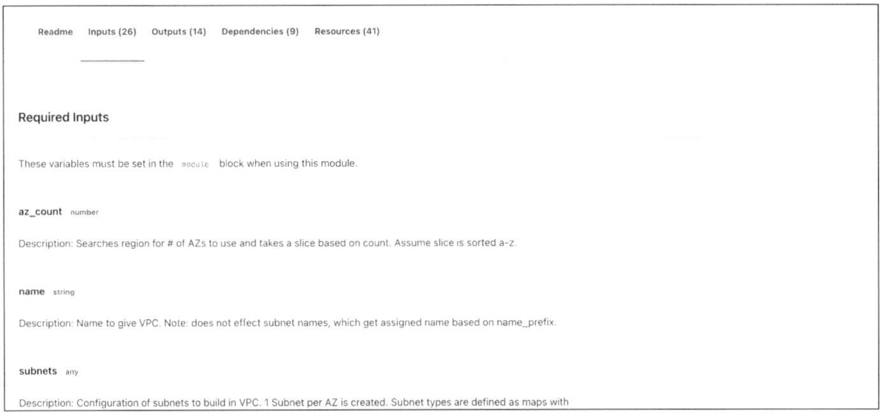

図6.7　AWS VPC モジュールの Inputs

入力変数には、モジュール利用時に指定すべき必須の「Required Inputs」とオプショナルな「Optional Inputs」があります。

同様に、アウトプットとして定義できるパラメータに関しては、［Outputs］タブから確認できます（図6.8）。

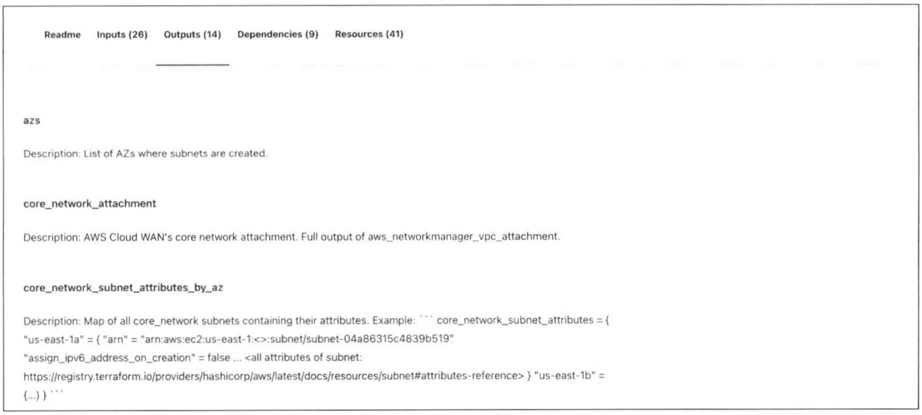

図6.8　AWS VPC モジュールの Outputs

モジュールでアウトプットを利用する場合、module.MODULE_NAME.OUTPUT_

NAMEの命名規則でアウトプットを参照できます。Terraformはデフォルトではモジュールのアウトプットを表示しませんので、必要な場合は明示的にTerraformコードで指定する必要があります。

6.2.2 AWS VPC モジュールを使ってみる

ここではAWSに対して`multi-az-vpc`という名称のVPCを作成し、サブネットとして`test_public`と`test_private`を作成するコードを作ってみます。`terraform.tf`、`main.tf`、`outputs.tf`をリスト6.2〜リスト6.4のように作成します。まず、`terraform.tf`では前提となるAWSプロバイダーの読み込みを行います。

リスト6.2　terraform.tf

```
 1:   terraform {
 2:
 3:   required_providers {
 4:     aws = {
 5:       source  = "hashicorp/aws"
 6:       version = "~> 5.41.0"
 7:     }
 8:   }
 9:   required_version = ">= 1.4.0"
10: }
```

`source`、`version`をモジュール変数として定義しています。また、Required Inputsとなっている値も`module`ブロックの中で定義しています。

リスト6.3　main.tf

```
 1:  provider "aws" {
 2:    region = "ap-northeast-1"
```

6.2 パブリックモジュール

```
 3:  }
 4:
 5:  module "vpc" {
 6:    source  = "aws-ia/vpc/aws"
 7:    version = ">= 4.2.0"
 8:
 9:    name                             = "multi-az-vpc"
10:    cidr_block                       = "10.0.0.0/16"
11:    vpc_egress_only_internet_gateway = true
12:    az_count                         = 3
13:
14:    subnets = {
15:      public = {
16:        name_prefix              = "test_public"
17:        netmask                  = 24
18:        nat_gateway_configuration = "all_azs"
19:      }
20:
21:      private = {
22:        name_prefix              = "test_private"
23:        netmask                  = 24
24:        connect_to_public_natgw = true
25:      }
26:    }
27:  }
```

VPCと2つのサブネットの定義を行いました。outputs.tfでは実行時の各種出力を定義しておきます。

リスト6.4 outputs.tf

```
1:  output "azs" {
2:    description = "List of AZs where subnets are created."
```

```
 3:     value       = module.vpc.azs
 4:   }
 5:
 6:   output "core_network_subnet_attributes_by_az" {
 7:     description = "Map of all core_network subnets containing  their attributes."
 8:     value       = module.vpc.core_network_subnet_attributes_by_az
 9:   }
10:
11:   output "egress_only_internet_gateway" {
12:     description = "Egress-only Internet gateway attributes."
13:     value       = module.vpc.egress_only_internet_gateway
14:   }
15:
16:   output "internet_gateway" {
17:     description = "Internet gateway attributes."
18:     value       = module.vpc.internet_gateway
19:   }
20:
21:   output "nat_gateway_attributes_by_az" {
22:     description = "Map of nat gateway resource attributes by AZ."
23:     value       = module.vpc.nat_gateway_attributes_by_az
24:   }
25:
26:   output "vpc_attributes" {
27:     description = "VPC resource attributes."
28:     value       = module.vpc.vpc_attributes
29:   }
```

これらのTerraformコードがあるディレクトリで、「terraform init」コマンドを実行します。コマンドを実行したカレントディレクトリに、.terraformディレクトリが生成され、プロバイダーやモジュールがダウンロードされます。

```
$ tree -L 2 .terraform
.terraform
```

6.2 パブリックモジュール

```
├── modules
│   ├── modules.json
│   ├── vpc
│   ├── vpc.calculate_subnets.subnet_calculator
│   ├── vpc.calculate_subnets_ipv6.subnet_calculator
│   ├── vpc.flow_logs.cloudwatch_log_group
│   ├── vpc.subnet_tags
│   ├── vpc.tags
│   └── vpc.vpc_lattice_tags
└── providers
    └── registry.terraform.io

10 directories, 1 file
```

次に、「`terraform plan`」を実行し、この Terraform コードの実行計画を確認してみます。実行計画の最後にあるとおり、このモジュールを適用することで 33 個のリソースが追加されることがわかります。

```
$ terraform plan
module.vpc.data.aws_availability_zones.current: Reading...
module.vpc.data.aws_availability_zones.current: Read completeafter 0s [id =ap-nor
theast-1]


Terraform used the selected providers to generate the following execution plan.
Resource actions are indicated with the following symbols:
  + create

Terraform will perform the following actions:
 (中略)
Plan: 33 to add, 0 to change, 0 to destroy.

Changes to Outputs:
  + azs                                      = [
      + "ap-northeast-1a",
      + "ap-northeast-1c",
      + "ap-northeast-1d",
```

第6章 モジュールの活用

```
    ]
  + core_network_subnet_attributes_by_az = {}
  + egress_only_internet_gateway    = (known after apply)
  + internet_gateway                = (known after apply)
  + nat_gateway_attributes_by_az    = (known after apply)
  + vpc_attributes                  = {
      + arn                                   = (known after apply)
      + assign_generated_ipv6_cidr_block      = null
      + cidr_block                            = "10.0.0.0/16"
      + default_network_acl_id                = (known after apply)
      + default_route_table_id                = (known after apply)
      + default_security_group_id             = (known after apply)
      + dhcp_options_id                       = (known after apply)
      + enable_classiclink                    = (known after apply)
      + enable_classiclink_dns_support        = (known after apply)
      + enable_dns_hostnames                  = true
      + enable_dns_support                    = true
      + enable_network_address_usage_metrics  = (known after apply)
      + id                                    = (known after apply)
      + instance_tenancy                      = "default"
      + ipv4_ipam_pool_id                     = null
      + ipv4_netmask_length                   = null
      + ipv6_association_id                   = (known after apply)
      + ipv6_cidr_block                       = (known after apply)
      + ipv6_cidr_block_network_border_group  = (known after apply)
      + ipv6_ipam_pool_id                     = null
      + ipv6_netmask_length                   = null
      + main_route_table_id                   = (known after apply)
      + owner_id                              = (known after apply)
      + tags                                  = {
          + Name = "multi-az-vpc"
        }
      + tags_all                              = {
          + Name = "multi-az-vpc"
```

6.2 パブリックモジュール

```
        }
    }
```

このようにモジュールを利用することで、必要なリソースのTerraformコードを一から作成することなく、迅速にインフラストラクチャの構築を行うことができます。

他にも便利なモジュールが提供されています。例えば、AWS Control Tower Account Factory for Terraform[5] モジュールが提供されています。TerraformでAWS Control Tower Account Factoryを利用するために提供されている方法がAccount Factory for Terraform（AFT）です（図6.9）。

図6.9　AWS AFT モジュール

AFTによってTerraformコードを作成することで、AWSアカウントをプロビジョニング、管理できるようになり、AWSアカウントの作成に関しても、Terraformのワークフローに則ってコードで管理できるようになります。

---

[5] https://docs.aws.amazon.com/ja_jp/controltower/latest/userguide/taf-account-provisioning.html

6.2.3 Azure

Azure向けにも便利なモジュールがTerraform Registry上に登録されています。AWS向けのモジュールを確認したときと同様に、Terraform Registryの[Filters]パネルで、[Tier]にチェック、[Provider]で[Azure]にチェックを入れると図6.10のように表示されます。

図6.10　Azure関連のパブリックモジュール

Azure向けのTerraformモジュール活用の一例として、Azure向けのクラウド導入フレームワーク（CAF：Cloud Adaption Framework）[6]に従ったランディングゾーンを導入する際にも、Terraformモジュールを活用できます。

ランディングゾーンは、ワークロードをホストするための事前設定された環境で、ガバナンス、ネットワーク、アイデンティティ管理のベストプラクティスが実装され、ワークロードを安全に拡張できます。

---

[6] https://learn.microsoft.com/ja-jp/azure/cloud-adoption-framework/overview

6.2.4 Google Cloud

Google Cloud 向けにも同様に Terraform Registry 上にモジュールが登録されています（図 6.11）。

図 6.11　Google Cloud 関連のパブリックモジュール

Google Cloud Project Factory Terraform Module[7] は、Google Cloud のベストプラクティスに沿うかたちで VPC や IAM、サービスアカウントなどを作成してくれるモジュールです。また、Google Cloud で人気の GKE（Google Kubernetes Engine）のクラスタ作成や設定を行えるモジュール[8]、BigQuery のデータセットやテーブルを作成できるモジュール[9] も用意されています。

---

[7] https://registry.terraform.io/modules/terraform-google-modules/project-factory/google/latest

[8] https://registry.terraform.io/modules/terraform-google-modules/kubernetes-engine/google/latest

[9] https://registry.terraform.io/modules/terraform-google-modules/bigquery/google/latest

6.3 自作のモジュールを公開する

モジュールは自前で作成することも可能です。前述したパブリックモジュールは、さまざまな人に活用してもらう目的から汎用的な作りになる傾向が強く、結果として機能が複雑であったりパラメータが多すぎたりすることがあります。自前でモジュールを作成することによって、パブリックモジュールにはない自分たちの用途に特化した共通化が実現可能になります。

6.3.1 作成するモジュール

ここでは、第3章で作成した AWS における WordPress の構成をモジュール化してみましょう。WordPress の構成では、主要なリソースとして `aws_insntace` と `aws_db_instance` がありました。また、付随する Elastic IP や DB のパスワードなどもありましたね。これらをモジュール化をすることによって、1回のモジュールの呼び出しで WordPress の構成を構築できるようになります。

■モジュールのパラメータ構成

今回作成するモジュールについて、利用方法から考えてみましょう。WordPress の VM を作成するパーツとして切り出すことを念頭に置いたとき、次のようなパラメータを与えてカスタマイズできるようにしておくと便利そうです。

- リソース名
- EC2 インスタンスが所属するサブネット
- EC2 インスタンスに割り当てるセキュリティグループ
- 利用する AMI
- インスタンスタイプ
- RDS インスタンスが所属するサブネットグループ
- RDS インスタンスに割り当てるセキュリティグループ

実際のモジュール呼び出しに置き換えると次のようになります。

6.3 自作のモジュールを公開する

```
module "wordpress" {
  source                = "./terraform-aws-wordpress"
  name                  = "<作成されるリソース名>"
  subnet_id             = "<サブネットのID>"
  security_group_ids    = ["<セキュリティグループのID>"]
  ami_id                = "<AMIのID(Option)>"
  instance_type         = "<インスタンスタイプ(Option)>"
  db_subnet_group_name  = "<DBサブネットグループの名前>"
  rds_security_group_ids = ["<セキュリティグループのID>"]
  rds_instance_class    = "<RDSインスタンスクラス(Option)>"
}
```

これを実現できるモジュールを作成していきます（図6.12）。

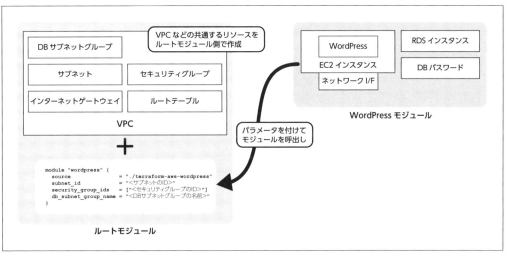

図6.12　作成するモジュールのイメージ

■モジュールのフォルダ構成

まずは第3章のWordPress構築時に作成したフォルダを開き、その中に terraform-aws-wordpress という名前でフォルダを作りましょう。これがモジュールとなります。モジュールをプライベートモジュールレジストリで公開することを

第 6 章　モジュールの活用

想定して、terraform-<PROVIDER>-<NAME> という命名規則に合わせた名前にしておきます。

6.3.2　モジュールのコーディング

terraform-aws-wordpress のフォルダ内には、main.tf、variables.tf、outputs.tf のファイルを作っておきましょう。それぞれのファイルの役割は次のとおりです。

main.tf：モジュールの中で作成するリソースを定義する
variables.tf：モジュールの外から渡されるパラメータを定義する
outputs.tf：モジュール中で作成したリソースの情報を出力する

通常の Terraform のコードと同様に、.tf ファイルであれば自動的に Terraform が読み込んでくれますので、これ以外のファイル名でも動作します。しかし、利用者側の理解を助けるためにも、上記のファイル名を使うことを推奨します。

まずはモジュールへのインプットとなるパラメータを定義していきます。variables.tf を**リスト 6.5** のように編集します。

リスト 6.5　variables.tf

```
 1:  variable "name" {
 2:    description = "作成されるリソース名"
 3:    type        = string
 4:  }
 5:
 6:  variable "subnet_id" {
 7:    description = "サブネットのID"
 8:    type        = string
 9:  }
10:
11:  variable "security_group_ids" {
12:    description = "セキュリティグループのID"
```

```
13:   type        = list(string)
14: }
15:
16: variable "ami_id" {
17:   description = "AMI"
18:   type        = string
19:   default     = "ami-07c589821f2b353aa"
20: }
21:
22: variable "instance_type" {
23:   description = "インスタンスタイプ"
24:   type        = string
25:   default     = "t3.micro"
26: }
27:
28: variable "db_subnet_group_name" {
29:   description = "DBサブネットグループの名前"
30:   type        = string
31: }
32:
33: variable "rds_security_group_ids" {
34:   description = "RDSに割り当てるセキュリティグループのID"
35:   type        = list(string)
36: }
37:
38: variable "rds_instance_class" {
39:   description = "RDSインスタンスクラス"
40:   type        = string
41:   default     = "db.t3.micro"
42: }
```

ami_id と instance_type および rds_instance_class にはデフォルト値が設定されています。モジュールの呼び出し時に指定していない場合は、このデフォ

第6章 モジュールの活用

ルト値が利用されます。

■ リソースの定義

次に main.tf にリソースの定義を行っていきましょう。内容はこれまで書いてきたコードとほぼ同じですが、渡される値がモジュールの外から渡される値になる点が異なります（リスト6.6）。

リスト6.6　main.tf

```
 1: resource "aws_db_instance" "wordpress" {
 2:     allocated_storage       = 20
 3:     storage_type            = "gp2"
 4:     engine                  = "mysql"
 5:     engine_version          = "5.7"
 6:     instance_class          = var.rds_instance_class
 7:     db_name                 = "wpdb"
 8:     username                = "dba"
 9:     password                = random_password.wordpress.result
10:     parameter_group_name    = "default.mysql5.7"
11:     multi_az                = false
12:     db_subnet_group_name    = var.db_subnet_group_name
13:     vpc_security_group_ids  = var.rds_security_group_ids
14:     backup_retention_period = "7"
15:     backup_window           = "01:00-02:00"
16:     skip_final_snapshot     = true
17:     max_allocated_storage   = 200
18:     identifier              = "${var.name}-db"
19:     tags = {
20:         Name = "${var.name}-db"
21:     }
22: }
23:
24: resource "random_password" "wordpress" {
25:     length            = 16
```

```
26:     special          = true
27:     override_special = "!#$%&*()-_=+[]{}<>:?"
28:   }
29:
30: resource "aws_instance" "web" {
31:   ami           = var.ami_id
32:   instance_type = var.instance_type
33:   network_interface {
34:     network_interface_id = aws_network_interface.web.id
35:     device_index         = 0
36:   }
37:   user_data = file("wordpress.sh")
38:   tags = {
39:     Name = "${var.name}-web"
40:   }
41: }
42:
43: resource "aws_network_interface" "web" {
44:   subnet_id       = var.subnet_id
45:   security_groups = var.security_group_ids
46: }
47:
48: resource "aws_eip" "wordpress" {
49:   network_interface = aws_network_interface.web.id
50:   domain            = "vpc"
51: }
```

また、WordPressを自動的にデプロイできるよう、wordpress.shをmain.tfと同じフォルダに配置しておきましょう（リスト6.7）。

リスト6.7 wordpress.sh

```
1: #!/bin/bash
2:
3: sudo apt update
```

第 6 章　モジュールの活用

```
 4:     sudo apt install -y apache2 php php-mbstring php-xml php-mysqli
 5:
 6:     wget http://ja.wordpress.org/latest-ja.tar.gz -P /tmp/
 7:     tar zxvf /tmp/latest-ja.tar.gz -C /tmp
 8:     sudo rm -rf /var/www/html/*
 9:     sudo cp -r /tmp/wordpress/* /var/www/html/
10:     sudo chown www-data:www-data -R /var/www/html
11:
12:     sudo systemctl enable apache2.service
13:     sudo systemctl restart apache2.service
```

　最後に、モジュールの中で作成したリソースの情報を出力する `outputs.tf` を作成します。今回は作成したインスタンスの情報を出力するようにします（リスト 6.8）。

リスト 6.8　outputs.tf

```
 1:  output "public_ip" {
 2:    value = aws_eip.wordpress.public_ip
 3:  }
 4:  output "rds_endpoint" {
 5:    value = aws_db_instance.wordpress.endpoint
 6:  }
 7:  output "rds_password" {
 8:    value     = random_password.wordpress.result
 9:    sensitive = true
10:  }
```

　これでモジュールの作成は完了です。

■ **モジュールの呼び出し**

　モジュールはできたので、ルートモジュールとなる親のフォルダに移動し、`main.tf` に `module` ブロックを追加します（リスト 6.9）。

リスト 6.9　main.tf

```
module "wordpress" {
  source                = "./terraform-aws-wordpress"
  name                  = "wordpress1"
  subnet_id             = aws_subnet.public.id
  security_group_ids    = [aws_security_group.web.id]
  db_subnet_group_name  = aws_db_subnet_group.db.name
  rds_security_group_ids = [aws_security_group.db.id]
}
```

`source`でモジュールのフォルダを指定しています。`subnet_id`や`security_group_ids`、`db_subnet_group_name`、`rds_security_group_ids`は、それぞれのリソースのIDを指定します。省略可能なパラメータは省略してデフォルト値を利用しています。

これだけでもモジュールの呼び出しはできるのですが、作成したWordPressにアクセスできるよう、またDBの接続設定ができるよう、Elastic IPや生成されたパスワード、DBのエンドポイントを出力できるようにしましょう。ルートモジュールの`outputs.tf`に（リスト6.10）の内容を追加します。

リスト 6.10　outputs.tf

```
output "wordpress1_public_ip" {
  value = module.wordpress.public_ip
}
output "wordpress1_rds_endpoint" {
  value = module.wordpress.rds_endpoint
}
output "wordpress1_rds_password" {
  value     = module.wordpress.rds_password
  sensitive = true
}
```

第6章 モジュールの活用

書き方はこれまでと同じです。異なる点は、`value` にモジュールから出力された値を指定している点です。モジュール側の `outputs` ブロックで定義した値は、呼び出し側からはこのような書き方で取得することができます。

■ 実行

それでは、Terraform を実行してみましょう。モジュールを追加した場合は、再度「`terraform init`」を実行する必要があります。実行が完了したら、「`terraform apply`」を実行します。

```
$ terraform init
$ terraform apply
 (中略)
Apply complete! Resources: 20 added, 0 changed, 0 destroyed.

Outputs:

public_ip = "52.193.38.182"
rds_endpoint = "wordpress.cq6rgrloux7n.ap-northeast-1.rds.amazonaws.com:3306"
rds_password = <sensitive>
wordpress1_public_ip = "13.230.105.109"
wordpress1_rds_endpoint = "wordpress1-db.cq6rgrloux7n.ap-northeast-1.rds.amaz
onaws.com:3306"
wordpress1_rds_password = <sensitive>
```

もともと作成されていた WordPress に加えて、モジュールを使って作成した WordPress が作成されていることが確認できるはずです。

今回、モジュールに渡せる値はネットワークの接続先と AMI ID、インスタンスタイプの指定くらいでしたが、モジュールにもっとカスタマイズ性を持たせたい場合は、モジュール側の `variables.tf` に変数を追加し、それを元にリソースを作成するように変更します。今回の例で言えば、RDS のユーザー名やデータベース名、MySQL のバージョン、バックアップウィンドウ、ストレージサイズなどをカスタマイズ可能にすれば便利そうですね。とはいえ、モジュールの良い点は

適切な抽象化ができることにあります。カスタマイズの幅を広くしすぎるとパラメータの指定が煩雑になる欠点もあるため、運用しながらちょうど良い塩梅を見つけてみてください。

モジュールの保存先

モジュールはローカルのフォルダだけでなく、GitリポジトリやS3バケット、HTTP URLなど、さまざまな場所に保存して呼び出せます。module ブロック内の source を変更することで、さまざまな場所からモジュールを呼び出せます。

▎ローカルパス

今回の解説では module の保存先を子フォルダにしていました。これはローカルパスという呼び出し方で、子フォルダでなくとも相対パスを利用することによって、同一環境内のフォルダを参照できます。

```
source = "./terraform-aws-wordpress"
```

▎GitHub

GitHub にあるモジュールを参照する場合は、次のように指定します。

```
source = "github.com/jacopen/terraform-aws-wordpress"
```

github.com からはじまる場合、Terraform は自動的に GitHub に保存されていると認識し、モジュールのダウンロードを行います。HTTPS ではなく SSH でアクセスを行わせたい場合は、次のように指定してください。

```
source = "git@github.com:jacopen/terraform-aws-wordpress.git"
```

▎汎用 Git リポジトリ

GitHub ではない他の Git リポジトリから呼び出したい場合は、次のように指定します。

```
source = "git::https://example.com/path/to/module.git"
```

もしくは

```
source = "git::ssh://git@example.com/path/to/module.git"
```

▌HTTP

HTTP URL からモジュールを呼び出す場合は、モジュールを圧縮してアップロードした後、次のように呼び出します。

```
source = "https://example.com/path/to/module.zip"
```

圧縮形式としては、zip、tar.bz1、tar.gz、tar.xz が利用可能です。

▌S3 バケット

S3 バケットに保存されているモジュールを呼び出す場合は、次のように指定します。こちらも HTTP のときと同様に圧縮してから、バケットにオブジェクトをアップロードしておきます。

```
source = "s3::https://s3-ap-northeast-1.amazonaws.com/jacopen/terraform-aws-wordpress.zip"
```

S3 バケットを利用する場合は、AWS の認証情報が必要となります。環境変数で `AWS_ACCESS_KEY_ID` と `AWS_SECRET_ACCESS_KEY` を設定しておくか、AWS CLI の認証情報を設定しておく必要があります。Terraform を EC2 インスタンス上で実行している場合は、そのインスタンスに設定されている Instance Profile を利用することも可能です。

6.4 HCP Terraform によるモジュール管理

最後に紹介するのが、HCP Terraform Private Registry です。これは HCP Terraform の機能として提供されているもので、Terraform のモジュールをホストするためのプライベートなレジストリを提供しています。HCP Terraform Private Registry は、HCP Terraform の全てのエディションで利用できます[10]。

6.4.1 パブリックモジュールの公開

HCP Terraform のモジュールレジストリには、パブリックなモジュールを登録することもできるようになっています。HCP Terraform の［Registry］画面の右上にある［Search public registry］をクリックします（図6.13）。

図 6.13　HCP Terraform のモジュールレジストリ

検索バーで登録したいモジュールのキーワードを入れると、それに該当するモジュールがリストされます。ここでは、「AWS VPC」と入力し、検索しています（図6.14）。

検索結果の画面の一番上に表示された、「terraform-aws-modules /vpc」を HCP Terraform のモジュールレジストリに登録してみます。登録したモジュールにカーソルを合わせると［+ Add］ボタンが表示されますので、それをクリック

---

[10] https://www.hashicorp.com/products/terraform/pricing

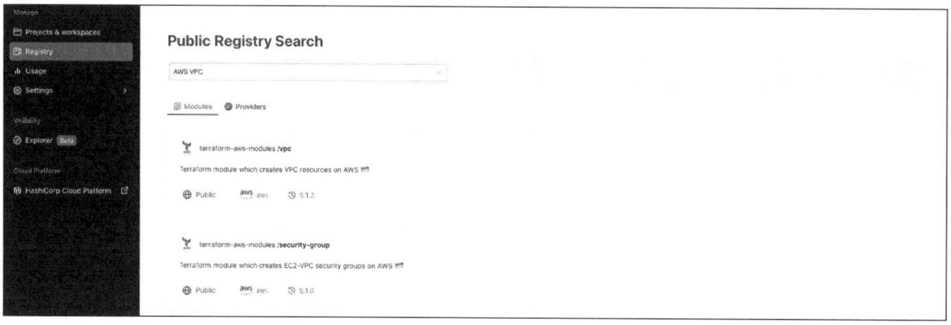

第6章　モジュールの活用

図6.14　HCP Terraform のモジュールレジストリに登録するモジュールの検索

します（図6.15）。

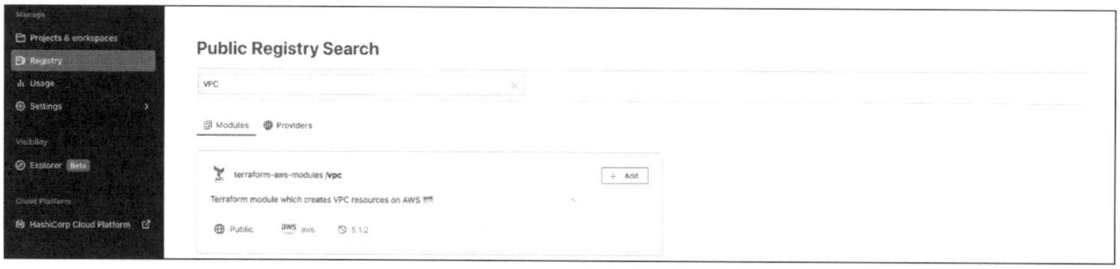

図6.15　パブリックモジュールの登録

パブリックモジュールレジストリに登録されているのと同じように、HCP Terraform の Registry からモジュールを確認できます（図6.16）。

図6.16　登録されたパブリックモジュール

HCP Terraform を使うことによって、Terraform ワークフローにガバナンスを効かすことが可能ですが、パブリックモジュールに関しても HCP Terraform に登録されているモジュールのみを利用するように促す等の使い方ができます。

続いて、HCP Terraform のプライベートモジュールレジストリにモジュールを登録し、HCP Terraform を利用している組織のみで利用できるモジュールを展開します。

6.4.2 プライベートモジュールの登録

HCP Terraform のプライベートモジュールレジストリにモジュールを登録する際は、モジュールのリポジトリの命名規則への準拠や、5.5「VCS と連携する」にある HCP Terraform と VCS が連携されていることが前提になります。それらも踏まえて、HCP Terraform のプライベートモジュールレジストリを利用する際は、現時点においては次の前提が必要になります。

- **HCP Terraform が 1 つ以上の VCS と連携している**
  プライベートモジュールレジストリへの登録は、VCS を介して行い、公開されます。プライベートモジュールレジストリは、登録されたモジュール名や使用可能なバージョンなど、さまざまな情報を自動的に VCS から検出します。
- **命名規則が `terraform-<PROVIDER>-<NAME>` になっている**
  `<NAME>` はモジュールが管理するインフラの種類を表し、`<PROVIDER>` はそのインフラを作成するメインの Terraform プロバイダーを指します。また、`<PROVIDER>` の部分は全て小文字である必要があります。`<NAME>` にはさらにハイフンを入れることができます。例えば、`terraform-google-vault-enterprise` や `terraform-aws-ec2-instance` のようなリポジトリ名で、HCP Terraform と連携されている VCS でモジュールを管理する必要があります。
- **標準的なモジュール構造に従い、モジュールが作成されている**
  これにより、プライベートモジュールレジストリが作成されたモジュールを検査

し、ドキュメントを生成したり、リソースの使用状況を追跡したりできます[11]。
- **少なくとも 1 つのリリースタグが付けられている**

リリースタグ名はセマンティック・バージョン[12] に従う必要があります。オプションでその前に v を付けることができます。例えば、v1.0.4 や 0.7.1 のようにリリースタグを付けます。プライベートモジュールレジストリはバージョン番号に見えないタグは無視します。

それでは実際に、モジュールをプライベートモジュールレジストリに登録していく流れを確認していきます。

6.4.3 登録用モジュールの作成

HashiCorp Learn にあるサンプルコード[13] を利用し、プライベートモジュールレジストリへモジュールを登録する一連の流れを確認していきます。

サンプルコードを HCP Terraform と連携している VCS にフォークし、命名規則 `terraform-<PROVIDER>-<NAME>` に従って、このコードを保存するリポジトリ名を変更します。ここでは、`terraform-aws-s3-webapp` としています。

元の Terraform コードのままでは上手く動かないため、フォークしたコードの `main.tf` をリスト 6.11 のようにします。

リスト 6.11　main.tf

```
1:  resource "aws_s3_bucket" "bucket" {
2:    bucket_prefix = "${var.prefix}-${var.name}"
3:
4:    force_destroy = true
5:  }
6:
7:  resource "aws_s3_bucket_website_configuration" "bucket" {
```

---

[11] https://developer.hashicorp.com/terraform/language/modules/develop/structure
[12] https://semver.org/
[13] https://github.com/hashicorp/learn-private-module-aws-s3-webapp

6.4 HCP Terraform によるモジュール管理

```
 8:     bucket = aws_s3_bucket.bucket.id
 9:
10:     index_document {
11:       suffix = "index.html"
12:     }
13:
14:     error_document {
15:       key = "error.html"
16:     }
17:   }
18:
19:   resource "aws_s3_bucket_ownership_controls" "example" {
20:     bucket = aws_s3_bucket.bucket.id
21:     rule {
22:       object_ownership = "BucketOwnerPreferred"
23:     }
24:   }
25:
26:   resource "aws_s3_bucket_public_access_block" "example" {
27:     bucket = aws_s3_bucket.bucket.id
28:
29:     block_public_acls       = false
30:     block_public_policy     = false
31:     ignore_public_acls      = false
32:     restrict_public_buckets = false
33:   }
34:
35:   resource "aws_s3_bucket_acl" "bucket" {
36:     bucket = aws_s3_bucket.bucket.id
37:
38:     acl = "public-read"
39:
40:     depends_on = [
41:       aws_s3_bucket_ownership_controls.example,
42:       aws_s3_bucket_public_access_block.example
43:     ]
44:   }
```

```
45:
46: resource "aws_s3_bucket_policy" "policy" {
47:   bucket = aws_s3_bucket.bucket.id
48:   policy = <<EOF
49: {
50:     "Version": "2012-10-17",
51:     "Statement": [
52:         {
53:             "Sid": "PublicReadGetObject",
54:             "Effect": "Allow",
55:             "Principal": "*",
56:             "Action": [
57:                 "s3:GetObject"
58:             ],
59:             "Resource": [
60:                 "arn:aws:s3:::${aws_s3_bucket.bucket.id}/*"
61:             ]
62:         }
63:     ]
64: }
65: EOF
66:
67:   depends_on = [
68:     aws_s3_bucket.bucket,
69:     aws_s3_bucket_acl.bucket
70:   ]
71: }
72:
73: resource "aws_s3_object" "webapp" {
74:   acl          = "public-read"
75:   key          = "index.html"
76:   bucket       = aws_s3_bucket.bucket.id
77:   content      = file("${path.module}/assets/index.html")
78:   content_type = "text/html"
79:
80:   depends_on = [
81:     aws_s3_bucket_policy.policy
```

```
82:    ]
83: }
```

次に、リリースタグを付けます。図 6.17 は HCP Terraform と連携している VCS が GitHub であることを想定した画面サンプルになります。

図 6.17　リリースタグの付与

HCP Terraform に連携できる VCS は「Supported VCS Providers」というドキュメントに記載があります[14]。お使いの VCS が GitHub とは違う場合、個々の VCS に設定方法に従ってリリースタグを付けてください。

6.4.4　プライベートモジュールレジストリへの登録

ここからは、HCP Terraform での作業になります。モジュールを登録した VCS が HCP Terraform と連携されているという前提で先に進めていきます。パブリックなモジュールを登録したときと同様に、HCP Terraform の［Registry］画面の右側にある［Publish］をクリックし、［Module］をクリックします（図 6.18）。

---

[14] https://developer.hashicorp.com/terraform/cloud-docs/vcs#supported-vcs-providers

第6章 モジュールの活用

図6.18　プライベートモジュールレジストリに登録するモジュール登録

　[Add Module]の画面に切り替わります。ガイドに従って[Connect to VCS]、[Choose a repository]、[Confirm selection]と順番に登録作業を進めていきます。[Choose a repository]の候補としてリストされるリポジトリは、命名規則 `terraform-<PROVIDER>-<NAME>` に沿ったものだけです。HCP Terraform と連携されている VCS に登録されているものの、モジュールが表示されていない場合、命名規則が `terraform-<PROVIDER>-<NAME>` に準拠しているか確認してください。

　最後に登録内容を確認し、問題なければ、[Publish module]をクリックし、モジュールをプライベートモジュールレジストリに登録します。しばらくすると、登録したモジュールが HCP Terraform の Registry に表示されます（**図6.19**）。

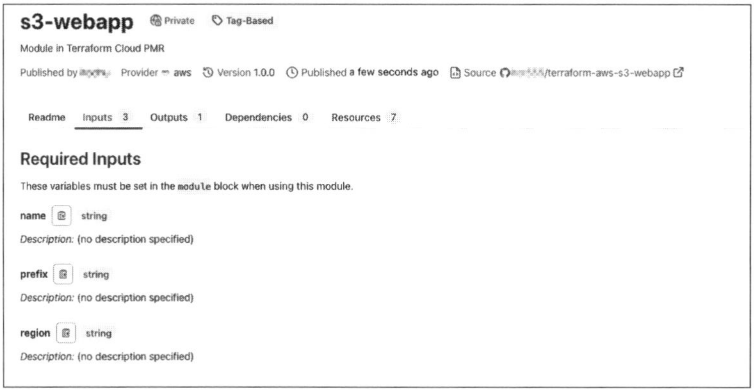

図6.19　プライベートモジュールレジストリに登録されたモジュール

　パブリックモジュールを登録したときと同じように、README の内容や Required Inputs の情報が確認できます。モジュールページの右側にある Usage Instructions には登録されたモジュールを利用方法が記載されていますので、利用する際はこちらを参考に Terraform コードを作成できます。**リスト6.12**のコードの、

6.4 HCP Terraform によるモジュール管理

`<TERRAFORM_CLOUD_ORGANIZATION_NAME>` は、利用している HCP Terraform の Organization 名になります。

リスト 6.12　instruction.tf

```
1:  module "s3-webapp" {
2:    source  = "app.terraform.io/<TERRAFORM_CLOUD_ORGANIZATION_NAME>/s3-webapp/aws"
3:    version = "1.0.0"
4:    # insert required variables here
5:  }
```

登録したモジュールを利用するための、Terraform コードを作成していきます。
`main.tf` では、プロバイダーの設定やモジュールの呼び出しを行っています（リスト 6.13）。

リスト 6.13　main.tf

```
 1:  terraform {
 2:    required_providers {
 3:      aws = {
 4:        source  = "hashicorp/aws"
 5:        version = "~> 5.17.0"
 6:      }
 7:    }
 8:  }
 9:
10:  provider "aws" {
11:    region = var.region
12:  }
13:
14:  module "s3-webapp" {
15:    source = "app.terraform.io/<TERRAFORM_CLOUD_ORGANIZATION_NAME>/s3-webapp/aws"
16:    name   = var.name
17:    region = var.region
```

```
18:     prefix  = var.prefix
19:     version = "1.0.0"
20: }
```

variables.tfでは、region、prefix、nameそれぞれの値を設定します（リスト6.14）。

リスト6.14　variables.tf

```
 1: variable "region" {
 2:
 3:   description = "This is the cloud hosting region where your webapp will be
 4:     deployed."
 5:   default     = "ap-northeast-1"
 6: }
 7:
 8: variable "prefix" {
 9:   description = "This is the environment your webapp will be prefixed with.
    dev, qa, or prod"
10:   default     = "dev"
11: }
12:
13: variable "name" {
14:   description = "Your name to attach to the webapp address"
15:   default     = "pmr-test"
16: }
```

outputs.tfで、エンドポイントの情報を出力します（リスト6.15）。

リスト6.15　outputs.tf

```
1: output "website_endpoint" {
2:   value = module.s3-webapp.endpoint
```

```
3:  }
```

これを HCP Terraform で利用できるワークフロー、VCS-Driven、API-Driven、CLI-Driven のいずれか[15] で実行します。「terraform apply」を実行し、処理が問題なく完了すると、モジュールで定義したアウトプット値が出力されます。

```
（略）
Apply complete! Resources: 7 added, 0 changed, 0 destroyed.

Outputs:

website_endpoint = "dev-pmr-test20230922111236963500000001.s3-website-ap-no
rtheast-1.amazonaws.com"
```

アウトプット website_endpoint の URL にアクセスすると、Web アプリが表示されるはずです。

6.4.5 発展的なユースケース

HCP Terraform のプライベートモジュールレジストリに登録するモジュールは、上述のように通常のモジュールとして利用する他に、No-Code Ready モジュールとして登録し、モジュールの利用者が Terraform コードを書かずに、モジュールを利用できる機能があります。この機能は、HCP Terraform Plus Edition でのみ利用できる機能になります。

No-Code Ready モジュール機能を利用することで、Terraform にあまり詳しくないプラクティショナの方がプライベートモジュールレジストリに登録された No-Code Ready モジュールを利用し、迅速にインフラをプロビジョニングできるようになります。また、Terraform コードに精通はしているものの、開発環境などを一時的に立ち上げ、開発作業が完了したら環境を破棄するというユースケー

---

[15] https://developer.hashicorp.com/terraform/cloud-docs/run/remote-operations#starting-runs

スにおいても、Terraformコードを書かずに、HCP TerraformのUIからテンプレート化されたインフラストラクチャを開発環境向けに迅速に展開できるようになります。HCP Terraformのプライベートモジュールレジストリの機能を活用することで、インフラストラクチャのセルフサービス化も促進できるようになっています。

No-Code Readyモジュールに興味がある方は次のドキュメント、チュートリアルを参照してください。

Designing No-Code Ready Modules
https://developer.hashicorp.com/terraform/cloud-docs/no-code-provisioning/module-design

Provisioning No-Code Infrastructure
https://developer.hashicorp.com/terraform/cloud-docs/no-code-provisioning/provisioning

Create and use no-code modules
https://developer.hashicorp.com/terraform/tutorials/cloud/no-code-provisioning

モジュールを活用することで、品質が均一化されたインフラストラクチャを迅速に展開できるようになります。Terraform Registryに登録されているパブリックモジュールの数は15,000を超えており、これらを活用することがTerraformを用いたインフラ構築をより加速することになります。

さらに、HCP Terraformを活用することで、パブリックなモジュールだけでなく、プライベートなモジュールを組織だけに展開できるようになり、ガバナンスを効かせられるようになります。

第7章
さまざまなプロバイダー

　ここまでの章では、主にパブリッククラウドに対して Terraform を使ってどのようなことができるのかを紹介してきました。パブリッククラウドのインフラの管理を Terraform で行うだけでも十分なメリットを感じていただけるのではないかと思います。とはいえ、ある特定のクラウドインフラだけでシステムが完結しているケースばかりではないのが実態ではないでしょうか？

　この章では、パブリッククラウドやその他さまざまなサービスを組み合わせて管理するための、Terraform で利用可能なプロバイダーについて紹介します。

7.1 さまざまなサービスを組み合わせる

　Terraform ではさまざまなクラウドやサービスに対応していくためにプラグイン形式で機能を拡張できるようになっており、これらはプロバイダーと呼ばれています（1.2.3「Terraform の仕組み」（P. 11）参照）。

　パブリッククラウド向けの IaC ツールとして認識されることが多い Terraform ですが、パブリッククラウド以外にも周辺サービスや製品を含む 4000 以上のプロバイダーが存在します。パブリッククラウドと合わせ、その周辺サービス・製品も IaC 化することで、システム全体の管理を効率化できるという点も Terraform の魅力のひとつです（図 7.1）。

第 7 章　さまざまなプロバイダー

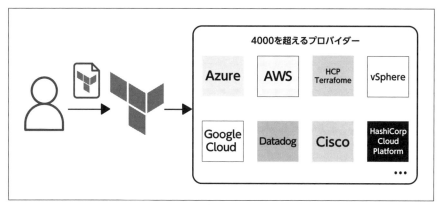

図 7.1　さまざまなプロバイダー

7.1.1　サービスを組み合わせるのが「現代風」

　皆さんの扱うシステムは、どのようなプラットフォームの上で動作し、どのようなサービスと連携しているでしょうか？ 現在の多くのシステムは、たとえ単独のパブリッククラウド上に構成されていたとしても、CICD や監視サービスについては外部の SaaS を活用していたり、システム内部ではサードパーティのミドルウェアを使っていたり、一部はオンプレミスのシステムと連携していたりということがよくあります。構成はさまざまですが、システム要件に合ったより良い構成を考えていくと、やはり複数サービスを組み合わせたほうが良いケースが多いかと思います。

　Terraform がマルチクラウドに対応している IaC ツールであるということについては第 4 章でも説明していますが、本章では、クラウドの周辺サービス・製品の構成を管理できるプロバイダーの中からいくつかをピックアップし、ユースケースと合わせて紹介していきます。

7.1.2　Terraform とリソース

　おさらいになりますが、Terraform を使ってサービス上に何かを作るとき、それは「リソース」として定義されます。どんなサービスに対してどんなリソース

があるのかは、Terraform のプロバイダーによって定義されています。パブリッククラウド各社でできることや設定項目が違うように、Terraform でできることもプロバイダーによって異なります。

つまり、Terraform を便利に使いこなすためには、各プロバイダーで何ができるのかも知っておく必要があるということですね。どんなプロバイダーでどんなリソースが利用できるかについては、Terraform Registry にアクセスしてプロバイダーのドキュメントを覗いてみるのが一番です。

7.2 Terraform Registry

Terraform Registry は、Terraform プロバイダーの公式リポジトリです。Terraform で利用できるさまざまなプロバイダーのドキュメントやサンプルにアクセスできます。

Terraform Registry
https://registry.terraform.io/

Terraform のプロバイダーは、Terraform Registry 上で公開されており、誰でも利用できるようになっています。プロバイダーを利用したり、モジュールの呼び出しを行う際には、多くの場合、Terraform Registry で公開されているプロバイダーやモジュールを利用することになります。

7.2.1 プロバイダーの情報を取得する

試しに、Terraform で HCP Terraform や Terraform Enterprise の設定を管理するための「TFE プロバイダー」を検索してみましょう。Terraform Registry にアクセスし、検索窓に「tfe」と入力してみます（図 7.2）。

第 7 章　さまざまなプロバイダー

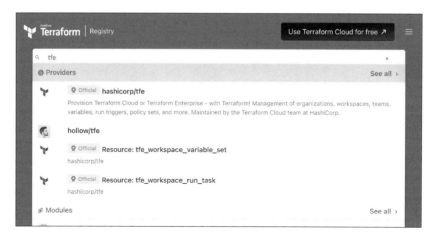

図 7.2　TFE プロバイダーの検索

表示される候補の中から、「hashicorp/tfe」を探し、クリックすれば、TFE プロバイダーのページ（図 7.3）が表示されます。

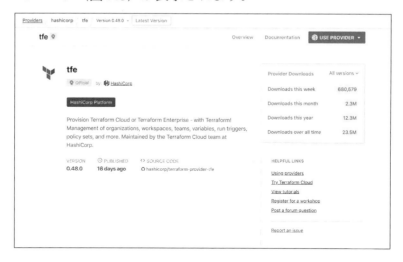

図 7.3　Terraform Registry の TFE プロバイダーのページ

プロバイダーのページでは、そのプロバイダーに関するさまざまな情報を確認できます。例えば、どれくらいダウンロードされているのか、はじめて公開されたのはいつで、最新のバージョンはいくつなのか、ソースコードのリポジトリは

どこか、などです。

右上の［USE PROVIDER］をクリックすると、プロバイダーを利用するための最小限の設定を確認できます。また、［Documentation］からは、このプロバイダーで利用できるリソースやデータソースの一覧を確認できます（図7.4）。

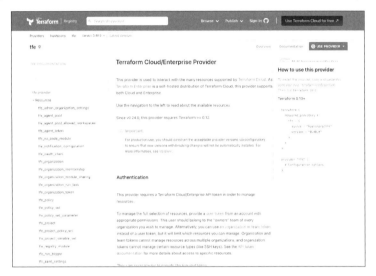

図7.4　TFE プロバイダーのドキュメント

7.2.2　プロバイダーの Tier

図7.3 の TFE プロバイダーのページにはバッジのような「Official」アイコンが付いていますが、これは、このプロバイダーの「Tier（種類）」を表しています。「Official」の場合なら、「HashiCorp のオフィシャルなプロバイダーであり、HashiCorp 社がメンテナンスしてますよ！」ということを表しています。Terraform Registry 上のプロバイダーには、「Official」を含む 3 種類の「プロバイダー Tier」が存在します。

1. Official Provider
2. Partner Provider
3. Community Provider

第 7 章　さまざまなプロバイダー

プロバイダーの紹介を始める前に、それぞれの Tier について簡単に説明します。

■Official Provider

Official Provider は、前述のとおり「HashiCorp がサポートする公式のプロバイダーである」ことを表しています。Official Provider は HashiCorp によってメンテナンスされているプロバイダーになりますが、必ずしも HashiCorp の製品に関連するプロバイダーのみが Official Provider というわけではなく、2024 年 10 月現在で 35 種類の Official Provider が Terraform Registry 上で公開されています。

代表的な Official Provider としては、AWS、Azure、Google などのパブリッククラウドのプロバイダーや Kubernetes プロバイダー、Helm プロバイダー、HashiCorp 製品の IaC を実現するための Vault プロバイダー、プライベートクラウド管理のための VMware vSphere プロバイダーなど、多岐にわたります。

■Partner Provider

Partner Provider は、「HashiCorp のパートナー各社によってサポートされるプロバイダーである」ことを表しており、パートナー各社によってメンテナンスされています。こちらは、Partner 各社よりさまざまな製品・サービスに対するプロバイダーが提供されており、2024 年 10 月現在 370 の Partner Provider が Terraform Registry 上で公開されています。

Partner Provider には、Datadog プロバイダー、Splunk プロバイダー、GitHub プロバイダー、Okta プロバイダー、Snowflake プロバイダー、Snyk プロバイダーなどのプロバイダーが含まれます。

■Community Provider

上記 2 種類以外のプロバイダーは Community Provider にカテゴライズされます。こちらも、これまでのプロバイダーの種類と同じように名称がそのままサポートのタイプを示しており、「Community によるサポートである」ことを表しています。代表的な Community Provider としては、Docker プロバイダーが挙げられます（図 7.5）。

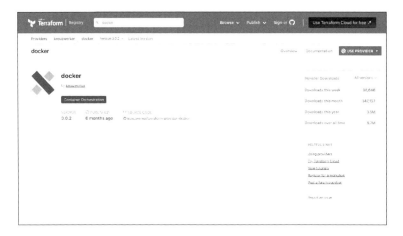

図 7.5　Terraform Registry の Docker プロバイダーのページ

　Docker プロバイダーは、Community Provider として提供されているプロバイダーですが、ダウンロード数も多く、HashiCorp 公式のチュートリアルにも多く登場するプロバイダーです。

7.3 プロバイダー紹介

　ひとことでプロバイダーといってもさまざまな種類があることを説明してきましたが、ここからは、実際にいくつかのプロバイダーでどんなことができるのかを紹介していきます。紹介するのは多くのシステムで利用されているサービスやプロダクトで、パブリッククラウドとも組み合わせて利用することが多いものです。

- ◆ Docker
- ◆ TFE
- ◆ HashiCorp Cloud Platform
- ◆ HashiCorp Vault
- ◆ VMware vSphere
- ◆ Nutanix

第 7 章　さまざまなプロバイダー

- ◆ Fastly
- ◆ Datadog
- ◆ Splunk Enterprise
- ◆ Ansible

なお、紹介するコードはあくまで一部であり、それだけでは動作しませんので、予めご了承ください。

7.3.1　Docker プロバイダー

まずは手元で簡単に試すことのできる、Docker プロバイダーについて見てみます。といいつつ、Docker プロバイダーについては 第 2 章でも触れておりますので、そちらも改めて眺めてみていただければと思います[1]。Docker プロバイダーは、Community Provider のひとつで、Terraform から Docker コンテナや Docker イメージを管理できます（図 7.6）。

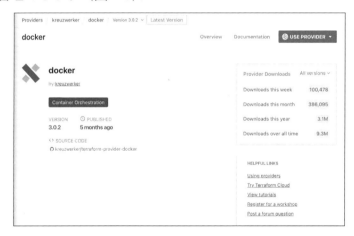

図 7.6　Docker プロバイダー

Docker プロバイダーの概要は次のとおりです。

URL：https://registry.terraform.io/providers/kreuzwerker/docker/latest

---

[1] Docker プロバイダーを利用するには、Docker Engine のインストール、起動が必要です。

7.3 プロバイダー紹介

Tier：Community
メンテナ：kreuzwerker

　Docker プロバイダーに限らず、Terraform Registry に登録されているプロバイダーは、「Documentation」タブより何ができるのかを確認できます。[docker provider]＞[Resources]と進むと、このプロバイダーで扱うことのできる Terraform Resource の一覧が表示されます（図 7.7）。

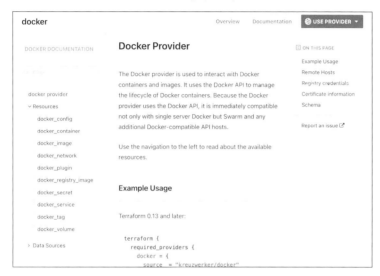

図 7.7　Docker プロバイダーのドキュメント

　多くのプロバイダーでは使い方の例についても記載がありますので、例やドキュメントの詳細を見ながら、Terraform のコードを書き上げていく流れになります。
　リスト 7.1 では、最新の `ubuntu` イメージを取得し、コンテナを `foo` という名前で起動します。

リスト 7.1　Docker プロバイダーの使用例

```
1:   # Terraformの設定
2:   terraform {
3:     required_providers {
4:       docker = {
```

211

```
 5:         source  = "kreuzwerker/docker"
 6:         version = "3.0.2"
 7:     }
 8:   }
 9: }
10:
11: # Dockerプロバイダーの設定
12: provider "docker" {
13:   host = "unix:///var/run/docker.sock"
14: }
15:
16: # Docker Imageの取得
17: resource "docker_image" "ubuntu" {
18:   name = "ubuntu:latest"
19: }
20:
21: # コンテナの作成・起動
22: resource "docker_container" "foo" {
23:   image = docker_image.ubuntu.image_id
24:   name  = "foo"
25: }
```

シンプルですね。Dockerプロバイダーを利用する際の注意点として、（これ以外のプロバイダーでも同様ですが）Terraformの実行環境からDocker Engineにアクセスできるようにしておく必要があります（図7.8）。

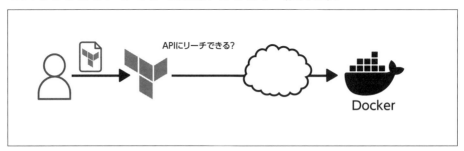

図7.8　Terraformから各種APIエンドポイントまでが疎通できている必要がある

例えば、HCP TerraformやTerraform Enterpriseを利用している場合には、

7.3 プロバイダー紹介

実行モードを Local Execution にするなどの対応が必要になる可能性があるので、ご注意ください。

7.3.2 TFE プロバイダー

TFE プロバイダーは、HCP Terraform や Terraform Enterprise の設定を管理するためのプロバイダーです（図 7.9）。

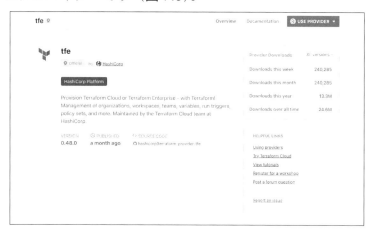

図 7.9　TFE プロバイダー

主なユースケースとしては、HCP Terraform 上のワークスペースやプロジェクトの作成・管理、変数の管理、チームの作成・管理などが挙げられます。これらの設定を Terraform で管理しておくことで、例えば新しいプロジェクトのオンボーディング時や、メンバーの入れ替えなどのチームの変更時にも、手動での設定変更を行うことなくコードで管理できるようになります。

TFE プロバイダーの概要は次のとおりです。

URL：https://registry.terraform.io/providers/hashicorp/tfe/latest
Tier：Official
メンテナ：HashiCorp

HCP Terraform / Terraform Enterprise のさまざまな設定を IaC 化できます。Terraform Registry で「tfe」を検索し、[Documentation] のタブを開くと、このプ

第 7 章　さまざまなプロバイダー

ロバイダーが扱うことのできるさまざまなリソースを確認できますが（図 7.10）、リスト 7.2 では例として Workspace を作成しています。

図 7.10　tfe_workspace のドキュメント

リスト 7.2　TFE プロバイダーの使用例

```
 1:  # Terraformの設定
 2:  # TFEプロバイダーを利用します
 3:  terraform {
 4:    required_providers {
 5:      tfe = {
 6:        source  = "hashicorp/tfe"
 7:        version = "~> 0.48.0"
 8:      }
 9:    }
10:  }
11:
12:  # TFEプロバイダーの設定
13:  provider "tfe" {
```

```
14:     # TFEにアクセスするための認証情報としてトークンを指定します
15:     token = var.tfe_token
16:     # Terraformのホスト名を指定します
17:     # HCP Terraformを利用している場合には、"app.terraform.io" になります
18:     hostname = var.tfe_hostname
19:     # Organization 名を指定します
20:     organization = var.tfe_organization
21:   }
22:
23:   # Workspaceの作成
24:   # ここでは、test という名前で Workspace を作成してみます
25:   resource "tfe_workspace" "test" {
26:     name         = "test"
27:     organization = var.tfe_organization
28:     execution_mode = "remote"
29:     # 特定のProjectの配下にWorkspaceを作成する場合には、以下のように指定します
30:     # project_id = tfe_project.<project_resource>.id
31:   (後略)
```

7.3.3 HashiCorp Cloud Platform プロバイダー

HashiCorp Cloud Platform は HashiCorp の提供するさまざまなサービスを提供するポータルのようなもので、HCP とも略称されます（図7.11）。

HCP 上では、例えば、HCP Vault や HCP Consul などのエンタープライズ向けに提供されている製品のサービス提供版を利用したり、HCP でのみ提供される HCP Packer、HCP Vault Secrets や HCP Vault Radar などのサービスを利用できます。HCP 用のプロバイダーは Official Provider として提供されており、この HCP 上で行う設定についても、Terraform で管理できます。

HCP プロバイダーの概要は次のとおりです。

URL：https://registry.terraform.io/providers/hashicorp/hcp/latest
Tier：Official

第 7 章　さまざまなプロバイダー

図 7.11　HCP プロバイダー

メンテナ：HashiCorp

　HCP 上では、HCP Vault クラスタやネットワークの作成ができますが、これらを Terraform で管理することで、不要になったクラスタの削除やネットワークの削除をはじめとして、HCP のライフサイクル管理をコードで行えるようになります。
　ここでは、HCP Vault のクラスタをデプロイする例を見てみます（**リスト 7.3**）。

リスト 7.3　HCP Vault の使用例

```
 1:  # Terraform の設定
 2:  # HCPプロバイダーを利用する
 3:  terraform {
 4:    required_providers {
 5:      hcp = {
 6:        source  = "hashicorp/hcp"
 7:        version = "~> 0.69.0"
 8:      }
 9:    }
10:  }
```

7.3 プロバイダー紹介

```
11:
12:   # HCPプロバイダーの設定
13:   provider "hcp" {}
14:
15:   # デプロイ先のHVN（HashiCorp Virtual Network）の作成
16:   resource "hcp_hvn" "vault_hvn" {
17:     hvn_id         = "vault-hvn"
18:     cloud_provider = "aws"
19:     region         = "ap-northeast-1"
20:     cidr_block     = "172.25.16.0/20"
21:   }
22:
23:   # HCP Vaultクラスタの作成
24:   resource "hcp_vault_cluster" "vault_cluster" {
25:     cluster_id = "hcp-vault-prod"
26:     hvn_id     = hcp_hvn.vault_hvn.hvn_id
27:     tier       = "plus_large"
28:
29:     # HCP Vaultのmetricsとaudit logをDatadogに送信する設定
30:     metrics_config {
31:       datadog_api_key = "test_datadog"
32:       datadog_region  = "us1"
33:     }
34:     audit_log_config {
35:       datadog_api_key = "test_datadog"
36:       datadog_region  = "us1"
37:     }
38:
39:     # HCP Vaultクラスタを誤って削除しないような設定
40:     # Production環境では、prevent_destroyをtrueに設定することが推奨です
41:     lifecycle {
42:       prevent_destroy = true
43:     }
```

```
44:   }
```

7.3.4　HashiCorp Vault プロバイダー

　HashiCorp Vault プロバイダー（図 7.12）は HashiCorp が開発しているシークレット管理ソリューションです。HashiCorp Vault は有償版としても提供されていますが、コアなほとんどの機能はコミュニティ版でも利用可能です[2]。

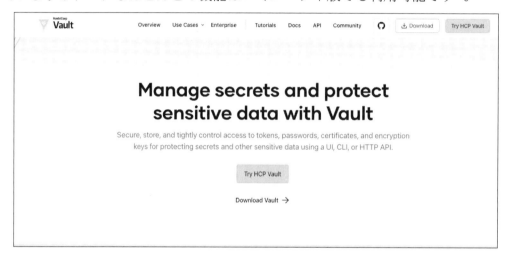

図 7.12　HashiCorp Vault

　Vault プロバイダーの概要は次のとおりです。

URL：https://registry.terraform.io/providers/hashicorp/vault/latest
Tier：Official
メンテナ：HashiCorp

　HashiCorp Vault の各種設定を管理するためのプロバイダーは、HashiCorp の Official Provider として提供されています。Vault プロバイダーでは HCP Vault を含む Vault の各種設定、Namespace や Policy、Secret Engine、Auth Method などを Terraform で管理できます（リスト 7.4）。

---

[2] https://www.vaultproject.io/

リスト7.4　Vault プロバイダーの使用例

```
 1: # Terraform の設定
 2: terraform {
 3:   required_providers {
 4:     vault = {
 5:       source  = "hashicorp/vault"
 6:       version = "3.20.0"
 7:     }
 8:   }
 9: }
10:
11: # Userpass の変数定義
12: variable "login_name" {}
13: variable "login_password" {}
14:
15: variable "vault_address" {}
16:
17: # Vaultプロバイダーの設定
18: provider "vault" {
19:   address = var.vault_address
20:   auth_login {
21:     path = "auth/userpass/login/${var.login_name}"
22:
23:     parameters = {
24:       password = var.login_password
25:     }
26:   }
27: }
28:
29: # Vault Namespaceの作成
30: resource "vault_namespace" "finance" {
31:   path = "finance"
32: }
```

Codify management of Vault Enterprise using Terraform[3] というコンテンツも公式に公開されていますので、気になる方はこちらも合わせて見てみてください。

7.3.5 VMware vSphere プロバイダー

AWS、GCP、Azure などのパブリッククラウドの管理をするのと同様に、VMware vSphere で構築されたプライベートクラウドの管理も Terraform で行えます。vSphere プロバイダーは、Official Provider として HashiCorp により提供されています。vSphere プロバイダーを使うことで、vSphere 上の VM やネットワーク、データストアなどを管理できます（図 7.13）。

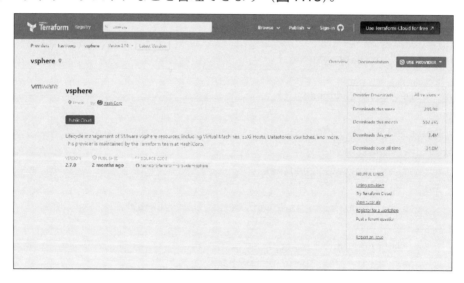

図 7.13　VMware vSphere プロバイダー

VMware vSphere プロバイダーの概要は次のとおりです。

URL：https://registry.terraform.io/providers/hashicorp/vsphere/latest

---

[3] https://developer.hashicorp.com/vault/tutorials/operations/codify-mgmt-enterprise

7.3 プロバイダー紹介

Tier：Official
メンテナ：HashiCorp

vSphere 上に仮想マシンを作成する場合は**リスト 7.5** のようになります。

リスト 7.5　vSphere プロバイダーの使用例

```
 1:  # Terraformの設定
 2:  terraform {
 3:    required_providers {
 4:      vsphere = {
 5:        source  = "hashicorp/vsphere"
 6:        version = "2.7.0"
 7:      }
 8:    }
 9:  }
10:
11:  variable "vsphere_user" {}
12:  variable "vsphere_password" {}
13:  variable "vsphere_server" {}
14:
15:  # プロバイダーの設定
16:  provider "vsphere" {
17:    user           = var.vsphere_user
18:    password       = var.vsphere_password
19:    vsphere_server = var.vsphere_server
20:  }
21:
22:  # VMを配置するための各data sourceの設定
23:  data "vsphere_datacenter" "datacenter" {
24:    name = "datacenter-01"
25:  }
26:
27:  data "vsphere_datastore" "datastore" {
```

```
28:     name         = "datastore-01"
29:     datacenter_id = data.vsphere_datacenter.datacenter.id
30:   }
31: 
32: data "vsphere_compute_cluster" "cluster" {
33:     name         = "cluster-01"
34:     datacenter_id = data.vsphere_datacenter.datacenter.id
35:   }
36: 
37: data "vsphere_network" "network" {
38:     name         = "network-01"
39:     datacenter_id = data.vsphere_datacenter.datacenter.id
40:   }
41: 
42: # VMの作成
43: resource "vsphere_virtual_machine" "vm" {
44:     name             = "testvm"
45:     resource_pool_id = data.vsphere_compute_cluster.cluster.resource_pool_id
46:     datastore_id     = data.vsphere_datastore.datastore.id
47:     num_cpus         = 1
48:     memory           = 1024
49:     guest_id         = "other3xLinux64Guest"
50:     network_interface {
51:       network_id = data.vsphere_network.network.id
52:     }
53:     disk {
54:       label = "disk0"
55:       size  = 20
56:     }
57:   }
```

7.3.6 Nutanix プロバイダー

vSphere と同様に Nutanix による仮想基盤の管理も Terraform で行えます。Nutanix プロバイダー（図 7.14）は Nutanix 社から提供されている Partner Provider になります。

図 7.14　Nutanix プロバイダー

Nutanix プロバイダーの概要は次のとおりです。

URL：https://registry.terraform.io/providers/nutanix/nutanix/latest
Tier：Partner
メンテナ：Nutanix

vSphere のプロバイダー同様、Nutanix 基盤を管理するためのさまざまなリソースが用意されており、仮想マシンを作成したり、DB インスタンスを作成したり、ネットワークの設定を加えたりできます（リスト 7.6）。

リスト 7.6　Nutanix プロバイダーの使用例

```
1:  # Terraformの設定
2:  # Nutanixプロバイダー利用の宣言
3:  terraform {
```

第 7 章 さまざまなプロバイダー

```
 4:   required_providers {
 5:     nutanix = {
 6:       source  = "nutanix/nutanix"
 7:       version = "~> 1.2.0"
 8:     }
 9:   }
10: }
11:
12: variable "nutanix_username" {}
13: variable "nutanix_password" {}
14: variable "nutanix_endpoint" {}
15: variable "nutanix_port" {}
16:
17: # Nutanixプロバイダーの設定
18: # 認証情報やNutanix Endpointなどを指定
19: provider "nutanix" {
20:   username     = var.nutanix_username
21:   password     = var.nutanix_password
22:   endpoint     = var.nutanix_endpoint
23:   port         = var.nutanix_port
24:   insecure     = true
25:   wait_timeout = 10
26: }
27:
28: # VMを配置する先のクラスタをdata sourceとして設定
29: data "nutanix_clusters" "clusters" {}
30:
31: # VMの作成
32: resource "nutanix_virtual_machine" "vm" {
33:   name         = "test-vm"
34:   cluster_uuid = data.nutanix_clusters.clusters.entities.0.metadata.uuid
35:
36:   num_vcpus_per_socket = 1
```

```
37:     num_sockets         = 1
38:     memory_size_mib     = 1024
39: }
```

7.3.7 Fastly プロバイダー

Fastly 社によって提供されている CDN サービスを Terraform で管理するための Fastly プロバイダー（図 7.15）は、Fastly によって提供されるパートナープロバイダーとして利用可能です。

図 7.15　Fastly プロバイダー

Fastly プロバイダーの概要は次のとおりです。

URL：https://registry.terraform.io/providers/fastly/fastly/latest
Tier：Partner
メンテナ：Fastly

Fastly プロバイダーを利用することで、Fastly 上のサービスの各種設定を管理できます（リスト 7.7）。

リスト 7.7　Fastly プロバイダーの使用例

```
1: # TerraformでFastlyプロバイダーを利用するための設定
2: terraform {
```

```
 3:    required_providers {
 4:      fastly = {
 5:        source  = "fastly/fastly"
 6:        version = "~> 5.4.0"
 7:      }
 8:    }
 9:  }
10:
11:  variable "fastly_api_key" {}
12:
13:  # Fastlyプロバイダーの設定
14:  provider "fastly" {
15:    api_key = var.fastly_api_key
16:  }
17:
18:  # Fastly Serviceの作成
19:  resource "fastly_service_vcl" "demo" {
20:    name = "demo"
21:
22:    domain {
23:      name = "demo.example.com"
24:      comment = "demo"
25:    }
26:
27:    backend {
28:      address = "127.0.0.1"
29:      name = "localhost"
30:      port = 80
31:    }
32:  }
```

7.3.8 Datadog プロバイダー

Datadog 社によって提供されているモニタリングサービスを Terraform で管理するための Datadog プロバイダー（図 7.16）は、Partner Provider として提供されています。Datadog のユーザーやチームの設定をはじめ、ダッシュボード作成、モニタリング設定など、さまざまな Datadog Resource を Terraform から扱えます。

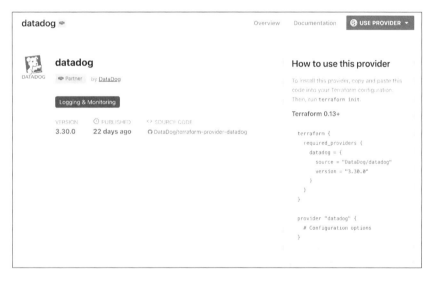

図 7.16　DataDog プロバイダー

Datadog プロバイダーの概要は次のとおりです。

URL：https://registry.terraform.io/providers/DataDog/datadog/latest
Tier：Partner
メンテナ：Datadog

モニタリングの設定を IaC で管理することで、モニタリング対象の作成と同時にモニタリングの設定を入れ、対象がなくなったら同時にモニタリングの設定も削除する、といったことが可能になります（リスト 7.8）。

リスト7.8　DataDogプロバイダーの使用例

```
 1:  # Terraformの設定
 2:  terraform {
 3:    required_providers {
 4:      datadog = {
 5:        source  = "DataDog/datadog"
 6:        version = "3.38.0"
 7:      }
 8:    }
 9:  }
10:
11:  variable "datadog_api_key" {}
12:  variable "datadog_app_key" {}
13:
14:  # Datadogプロバイダーの設定
15:  provider "datadog" {
16:    api_url = "https://ap1.datadoghq.com/"
17:    api_key = var.datadog_api_key
18:    app_key = var.datadog_app_key
19:  }
20:
21:  # Monitorの作成
22:  resource "datadog_monitor" "process_alert_example" {
23:    name    = "Process Alert Monitor"
24:    type    = "process alert"
25:    message = "Multiple Java processes running on example-tag"
26:    query   = "processes('java').over('example-tag').rollup('count')
     .last('10m') > 1"
27:    monitor_thresholds {
28:      critical          = 1.0
29:      critical_recovery = 0.0
```

```
30:    }
31:
32:    notify_no_data   = false
33:    renotify_interval = 60
34: }
```

7.3.9 Splunk Enterprise プロバイダー

　Splunk 社によって提供されている Splunk Enterprise の各種設定は、Splunk プロバイダー（図 7.17）で管理できます。Splunk プロバイダーは Splunk 社から提供されており、インデックス設定やコンフィグ、モニターやダッシュボードの設定など、Splunk 運用に必要なさまざまなリソースを Terraform で管理できるようになります（リスト 7.9）。

図 7.17　Splunk プロバイダー

　Splunk プロバイダーの概要は次のとおりです。

URL：https://registry.terraform.io/providers/splunk/splunk/latest
Tier：Partner
メンテナ：Splunk

リスト7.9は、Splunk Enterpriseに新たなダッシュボードを1つ作成する際の例になります。

リスト7.9　Splunkプロバイダーの使用例

```
 1:  # Terraformの設定
 2:  terraform {
 3:    required_providers {
 4:      splunk = {
 5:        source = "splunk/splunk"
 6:      }
 7:    }
 8:  }
 9:
10:  # Splunkプロバイダーの設定
11:  provider "splunk" {
12:    url                  = "localhost:8089"
13:    username             = "admin"
14:    password             = "changeme"
15:    insecure_skip_verify = true
16:  }
17:
18:  # Splunk Dashboardの作成
19:  resource "splunk_data_ui_views" "dashboard" {
20:    name     = "Sample_Dashboard"
21:    eai_data = "<DashboardのXML定義>..."
22:  }
```

7.3.10　Ansibleプロバイダー

Ansibleは言わずと知れた構成管理ツールですが、Community Providerとして提供されているAnsibleプロバイダー（図7.18）を利用することで、TerraformとAnsibleをシームレスに連携できるようになります。

7.3 プロバイダー紹介

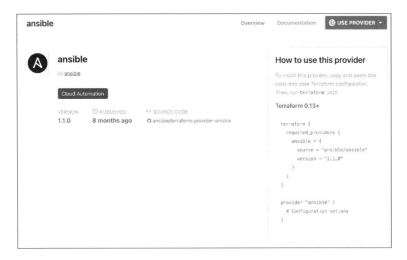

図 7.18　Ansible プロバイダー

Ansible プロバイダー概要は次のとおりです。

URL：https://registry.terraform.io/providers/ansible/ansible/latest
Tier：Community
メンテナ：Ansible

　Ansible プロバイダーを使わずに Terraform で作成されたリソースに対して Ansible を実行することももちろん可能ですが、その場合はクラウド個別の Ansible プラグイン等を駆使するなり、手動で記述するなりしてうまく Terraform で払い出されたリソースを抽出する必要がありました。Ansible プロバイダーと Terraform 用の Inventory Plugin を使うことで、Terraform の実行結果に基づいて簡単に Ansible の実行対象を抽出できるようになります（**リスト 7.10**）。

リスト 7.10　Ansible プロバイダーの使用例

```
# Terraformの設定
# Ansibleプロバイダーを利用
terraform {
  required_providers {
```

231

第 7 章　さまざまなプロバイダー

```
    ansible = {
      source = "ansible/ansible"
    }
  }
}


# Ansible Resourceの定義
# これらの情報はTerraformのState file上に保存され、cloud.terraform pluginを用いて
# アクセスできます
resource "ansible_host" "ec2_host" {
  name   = "ec2_host"
  groups = ["<ansible_group>"]
  variables = {
    ansible_user                 = "ansible"
    ansible_ssh_private_key_file = "<private_key_file_path>"
  }
}
（後略）
```

　Ansible プロバイダーはその他多くのプロバイダーとは動きが異なるため、動作の詳細について気になる方は公式の GitHub リポジトリも見てみてください[4]。

　この章では、Terraform で何かを管理する際に必要となるプロバイダーの役割、種類や、いくつかのプロバイダーの使用例について紹介してきました。Terraform で利用可能な、さまざまなパートナー、コミュニティによって提供されるプロバイダーの多様性も、Terraform の魅力のひとつだと思います。皆さんの普段使っているシステム・サービスに対してもプロバイダーが用意されているかもしれませんので、ぜひ一度 Terraform Registry を覗いてみてください！

---

[4] https://github.com/ansible/terraform-provider-ansible

第8章
Sentinelによる Policy as Codeの実践

　これまでの章では、Terraformの活用・運用方法を中心に学んできました。特に第5章では、HCP Terraformを利用することでTerraformを運用していくうえでのベストプラクティスを簡単に実践できることを学びました。

　本章では、HCP Terraform/Terraform Enterpriseの機能のひとつとして提供されているPolicy as Codeの機能を活用することで、組織やプロジェクトでTerraformをどのように安全に、効率的に運用していけるかについて学びましょう。

8.1 IaC運用における課題

　第1章では、IaC（Infrastructure as Code）を採用することで、効率化や人的ミスの軽減などさまざまなメリットがあることを学びました。IaC化はいいことばかりのようにも思えますが、組織が大きくなるにつれて、いくつか課題となるポイントも存在します。

- ◆ インフラや組織のセキュリティ対策
- ◆ 組織のコンプライアンス遵守
- ◆ ベストプラクティスの実践

まずは、これらの課題についてそれぞれ見ていきましょう。

8.1.1　インフラや組織のセキュリティ対策

皆さんはインフラの構築・運用に対してどのようなイメージを持っているでしょうか。まだ稼働中ではない新規システムだったり、検証環境であれば特に心理的な問題もなく構築や運用ができるかもしれません。ただ、すでに稼働中のシステムだったり、他の人が構築した既存のインフラに対して変更を加える必要がある場合はどうでしょうか。実際に構築した人や詳しい人にレビューをもらえる環境であればまだ良いですが、何らかの理由でそれが難しいと変更を加えるのが怖いと感じたり、検証等に時間がかかってしまうケースがあると思います。

そうした理由から開発スピードが遅くなってしまったり、仮にレビューをきちんともらったうえで変更を加えた場合でも、「稼働中のサーバーを一時的に止めてしまった」「意図的ではない変更を加えてしまった」といった経験がある方もいるかもしれません。さらに、こういった設定ミスから大きなインシデントに繋がってしまうことも考えられます。

人の目によるレビューももちろん重要ですが、それだけでは限界があります。セキュリティ意識の属人化防止やスピード感を持って開発を進めるには、ワークフローの中で設定ミスを自動的に検知し未然に防ぐことが重要になってきます（図8.1）。

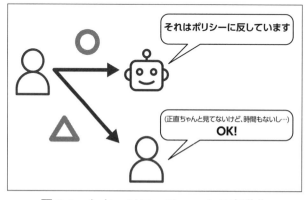

図8.1　セキュリティチェックの自動化

8.1.2 組織のコンプライアンス遵守

　業界や企業によっては、国際標準化機構（ISO：International Organization for Standardization）や米国立標準技術研究所（NIST：National Institute of Standards and Technology）などの外部機関よって定められた規格に準拠することが求められる場合があります。これらの機関は、さまざまな種類のデータやユーザーが自身のデータを管理するための権利などを保護するように設計されたガイドラインとフレームワークを提供しています。また、CIS（Center for Internet Security）の CIS Benchmark では、OS、サーバー、クラウド環境などさまざまな製品のセキュリティ面でのベストプラクティスを提供しています。CIS Benchmark を採用することで、NIST や PCI DSS などといった主要なフレームワークに準拠する必要がある際にも役立てられます。

　また、例えば GCP Foundation Benchmark v2.0.0 には「Cloud Storage において、匿名でのアクセスあるいは公開アクセスを禁止する」という指針があります。これは、悪意のあるユーザーにストレージ内の情報が見られないようにするうえで非常に大切です。公開アクセスが有効の状態で、シークレットデータがストレージ内に存在する場合はそれらが漏洩し、大きな被害に繋がってしまう可能性があります。

　そこで HCP Terraform/Terraform Enterprise および Sentinel を利用することで、「Cloud Storage では公開アクセスを無効にする」といったポリシーを予め作成し、Cloud Storage を作成する際にポリシーに準拠しているかチェックさせられます。もし準拠していない場合は、Cloud Storage を作成できないように設定することも可能です。これらを活用することで、組織がセキュリティのベストプラクティスをポリシーとして落とし込み、規格に準拠するかたちでの IaC 化を促進できます。

　多くの企業にとって何か問題が起こってから対策をするとなると、社会的信頼性やユーザーを失ってしまう可能性が高まります。それらを可能な限り防止するためには、事前に対策できる部分は妥協せずにきちんと時間を作って向き合い、仕組みで解決することが大切です。

8.1.3 ベストプラクティスの実践

クラウドの普及によって管理するべきリソース数が増え続けているということを第1章でも触れましたが、それぞれのプロバイダー、リソースごとにベストプラクティスが存在することになります。担当者は各プロバイダーのリソースのベストプラクティスをTerraformのコードに落とし込み、レビュワーはコードからその意図を完璧に理解し、間違っていれば修正を依頼する必要があります。このフローは理想的ではありますが、実際にはいくつか課題となるポイントがあります。

- 開発者全員がプロダクト全体または各リソースのベストプラクティスを把握している必要がある
- 担当者またはレビュワーに依存した実装になる（チーム間でのナレッジの共有がされない）
- レビュワーのレビューコストがかかり組織全体としてスケールしない

リソース数が増え続ける以上、開発者全員が全てを完璧に把握し続けるのは非常に困難です。仮に全てを把握している開発者が一人いたとしてもその人にレビューコストがかかり、生産性を損なってしまいます。また、チームが複数ある場合はチームによっても実装方法が異なる場合があります。チームや個人に依存した実装方法になってしまうとノウハウの共有が難しく、組織全体としてはあまりいい状態とは言えません。

組織全体がチームや個人、それぞれのノウハウを共有できる状態を作ることで、開発スピードを加速させ、インシデントの再発防止にも繋がります。

8.1.4 ポリシー適用自動化の必要性

IaC運用における課題について、いくつか紹介しました。すでにTerraformを利用している方もこれから利用を検討している方も、組織全体でのTerraformによるIaC化を進めていくうえで、これらは非常に大切なポイントです。

これらの課題を解決するためのひとつの手段として、従来のインフラ構築作業と同様に、セキュリティやコンプライアンス、ベストプラクティスなどは設計書や

台帳などのドキュメントに記載して共有する方法も考えられます。ドキュメントとして残すことは効果的ではありますが、それだけではコードレビュー時または実行時にドキュメントが参照され、要件を満たしているかを人力で確認していく必要があります。さらに、これらは常にアップデートされ続ける内容であり、毎回人の目によるマニュアルでの確認ではレビューだけで数日かかったり、確認漏れなどによる人的なエラーも起こり得ます。そもそもドキュメントがメンテナンスされていないという状態もあるでしょう。

そこで、インフラを自動化することでさまざまな課題を解決できたのと同様に、これらのフローもコード化することで自動化できないかというのが、Policy as Code の発端になります。

8.1.5 Policy as Code

Policy as Code（PaC）とは、ポリシーをコードで管理し自動化しようという考え方です。ポリシーをコードで管理することでバージョン管理やテスト、IaC 化同様に自動化などのソフトウェア開発におけるメリットをフル活用できます。ここでいうポリシーとは、組織やチームで定められたガイドラインを指します。例えば、

- セキュリティグループの設定を制限する
- 任意の Terraform プロバイダーのみを許容するようにする
- Terraform のコーディングルールを強制する

など、これらひとつひとつがポリシーということになります。

インフラや組織のセキュリティ要件を定義して、事前に設定ミスやインシデントを防ぐ仕組みを**セキュリティガードレール**と呼びますが、PaC 化することでセキュリティガードレールをワークフローに取り入れられます。開発者は予め定められたセキュリティポリシーの範囲内でインフラの構築・運用を行うことで、開発スピードを落とさずに安全な開発が可能となります。

8.1.6 PaCの例

なかなかイメージがしづらい部分も多いかと思いますので、実際に HCP Terraform/Terraform Enterprise で Policy as Code の機能を利用すると、どのようなことができるようになるのかを見てみましょう。今回は、第3章でも取り扱ったセキュリティグループを追加して HCP Terraform/Terraform Enterprise 上で Plan を実行してみたいと思います（**リスト 8.1**）。

リスト 8.1　セキュリティグループの追加

```
resource "aws_security_group" "ssh" {
  name        = "ssh"
  description = "Allow SSH inbound traffic"
  vpc_id      = aws_vpc.main.id

  ingress {
    description = "SSH from VPC"
    from_port   = 22
    to_port     = 22
    protocol    = "tcp"
    cidr_blocks = ["0.0.0.0/0"]
  }

  egress {
    from_port   = 0
    to_port     = 0
    protocol    = "-1"
    cidr_blocks = ["0.0.0.0/0"]
  }
}
```

上記を追加して HCP Terraform/Terraform Enterprise 上で「`terraform`

8.1 IaC 運用における課題

plan」を実行すると図 8.2 のようになります。

図 8.2　plan 結果の確認

ここでは、「SSH で利用するためのポートにインターネットから自由にアクセスすることを禁止する」というポリシーを定義してワークスペースに適用しています。そのため実際の環境に対して上記のような設定は適用できなくなります。

このように事前に定義したポリシーを任意のワークスペースに対して適用することで、Plan から Apply のあいだに新しい Policy Check という Run Stage を追加でき、よりセキュアにインフラを構築できるようになります（図 8.3）。

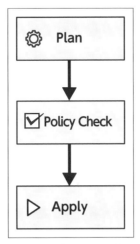

図 8.3　Plan から Apply までの流れ

239

一例としてセキュリティグループのポリシーを適用しましたが、他にもさまざまなポリシーを定義できます。ここからは、これらのポリシーをコードで表現するためのフレームワークである Sentinel について紹介していきます。

8.2 Sentinel

Sentinel は 2017 年に HashiCorp によって発表された、HashiCorp 製品向けのポリシー言語およびフレームワークです。Sentinel は有償版の HashiCorp 製品に組み込まれるかたちで利用され、セキュリティガードレールの自動化とビジネス要件や組織のコンプライアンスを強制させられます。

8.2.1 Sentinel の特徴

全ての Sentinel ポリシーは Sentinel という動的型付け言語を使って定義します。この言語はテキストファイルに直接書き込むことができ、Sentinel を利用できるアプリケーションであれば同じポリシーを共有することもできます。Sentinel は開発知識のない人でも理解しやすいように設計されているため、開発者ではない人がポリシーを定義する必要があるようなケースにも柔軟に対応できます。また、開発者にとって親しみやすい、if 文やループ、関数などにも対応しているため、複雑なポリシーにも対応可能です。その他にもテストやモック、一般的な標準ライブラリもサポートしており、ソフトウェア開発と同じワークフローで開発できます。

8.2.2 Sentinel のセットアップ

Sentinel を利用してポリシーの定義およびテストを行うために、Sentinel CLI (Command-Line Interface) を利用できます。定義されたポリシーの実際のチェックは Sentinel が組み込まれた有償版の HashiCorp 製品（HCP Terraform/Terraform Enterprise や HCP Vault/Vault Enterprise など）上で実行されるため、それらの仕組みを自前で構築する必要はありません。Sentinel CLI を利用す

るには Terraform のセットアップ時と同様に任意の環境に沿ったバイナリをダウンロードしてパスの通っている場所に設置する必要があります。

バイナリのダウンロードは公式サイト[1]から行えます。`sentinel` のバージョン確認を実行し、内容が表示されればインストールは成功しています。本書では、Sentinel v0.28.x を利用することを想定しています。バージョンごとの差分に関しては setinel-changelog[2] を参照してください。

```
$ sentinel -v
Sentinel v0.28.0
```

また、Terraform と同様にパッケージマネージャーを利用したインストールも可能です。

■ macOS の場合

macOS で利用する場合は、Homebrew を利用してインストールするのがお勧めです。Homebrew のセットアップは公式サイト[3]を参照してください。

Homebrew のセットアップが完了している場合は、次のコマンドで Sentinel のインストールを行います。

```
$ brew tap hashicorp/tap
$ brew install hashicorp/tap/sentinel
```

■ Ubuntu/Debian の場合

Ubuntu/Debian で利用する場合は、`apt` コマンドを利用してインストールするのがお勧めです。

---

[1] https://docs.hashicorp.com/sentinel/downloads
[2] https://docs.hashicorp.com/sentinel/changelog
[3] https://brew.sh/ja

```
$ wget -O- https://apt.releases.hashicorp.com/gpg | gpg --dearmor \
  | sudo tee /usr/share/keyrings/hashicorp-archive-keyring.gpg
$ echo "deb [signed-by=/usr/share/keyrings/hashicorp-archive-keyring.gpg] \
  https://apt.releases.hashicorp.com $(lsb_release -cs) main" \
  | sudo tee /etc/apt/sources.list.d/hashicorp.list
$ sudo apt update && sudo apt install sentinel
```

8.2.3　helloworld.sentinel

まずは、シンプルなコーディングでSentinelを試してみましょう。コードを管理するためのディレクトリを作成し、その中に`helloworld.sentinel`という空のファイルを作成します。

```
$ mkdir chapter8
$ cd chapter8
$ touch helloworld.sentinel
```

Sentinelポリシーは1つのポリシーにつき1つのファイルで構成され、`.sentinel`という拡張子で作成する必要があります。テキストエディタで`helloworld.sentinel`を開き、**リスト8.2**のようなコードを記述してください。

リスト8.2　helloworld.sentinel

```
main = "Hello, World!" is not "Hello, 世界!"
```

簡単な例ではありますが、ひとつひとつ見ていきましょう。Sentinelポリシーはトップダウンで評価されます。`main`変数は特別な値として扱われ、ポリシー全体の結果を評価するために必ず必要な値になります。今回の例では、「Hello, World!」と「Hello, 世界!」のそれぞれの文字列が異なるという論理式を`main`変数に代入した、ということになります。ポリシーを定義できたので、実際にポリシーを実行してみましょう。

Sentinel CLI を利用することで先ほど定義したポリシーを実行できます。

```
$ sentinel apply helloworld.sentinel
Pass - helloworld.sentinel
```

上記のポリシーは論理式を満たすので、Pass と表示されました。次にポリシーをリスト 8.3 のように書き換えてみます。

リスト 8.3　helloworld.sentinel

```
main = "Hello, World!" is "Hello, 世界!"
```

再度実行してみましょう。

```
$ sentinel apply helloworld.sentinel
Execution trace. The information below will show the values of all
the rules evaluated. Note that some rules may be missing if
short-circuit logic was taken.

Note that for collection types and long strings, output may be
 truncated; re-run "sentinel apply" with the -json flag to see the
 full contents of these values.

The trace is displayed due to a failed policy.

Fail - helloworld.sentinel
```

今度は論理式を満たさない値を `main` 変数に代入したことで、ポリシーの実行結果が Fail となっているのがわかります。このように Sentinel では、ポリシーを論理式として評価することになります。一般的な演算子からより可読性を意識したものまでさまざまな演算子を利用できます[4]。

---

[4] https://docs.hashicorp.com/sentinel/language/spec#operators-and-delimiters

helloworldポリシーは非常にシンプルな例ですが、実践的なポリシーでも基本的には同じです。「mainという変数でポリシー全体の評価を行う」ということを押さえておけば、より複雑なポリシーでもどのようなことを評価しているのか理解できると思います。

8.2.4　Sentinelの基本的な機能

ここからはSentinelの基本的な機能についてもう少し詳しく紹介します。先ほどと同じディレクトリで`weekend.sentinel`というファイルを作成します（リスト8.4）。コードにはコメントを入れてあります。Terraformとは異なり、Sentinelは「`//`」で始まる行がコメントアウトされます。複数行にわたる場合は「`/*`」と「`*/`」でコメント部分を囲みます。

リスト8.4　weekend.sentinel

```
 1:  import "time"
 2:
 3:  // 日にちの定義
 4:  today = time.load("2023-10-16T11:20:30+09:00")
 5:
 6:  // 曜日を取得
 7:  weekday = today.weekday_name
 8:  // 週末を定義
 9:  weekend = ["Saturday", "Sunday"]
10:
11:  // 今日が土曜日あるいは日曜日かどうかを判定
12:  main = rule { weekday in weekend }
```

■ `import`

weekendポリシーは`import`という記述から始まっています。`import`によってSentinelポリシーが再利用可能なライブラリや関数、外部データなどにアクセスできるようになります。Sentinelではいくつかの標準ライブラリを提供してい

ますが[5]、ここでは時間を扱うための time という標準ライブラリを読み込んでいます[6]。

Sentinel では変数やコレクションなどのプログラミング言語における一般的な機能もサポートしています[7]。ここでは、today 変数に 2023/10/16 の日付を代入し、weekday 変数には、today 変数から取り出した曜日名を代入しています。また、weekend 変数には、リストを利用して週末を定義しています。

import ではエイリアスを使うこともできます。

```
import "time" as t

today = t.load("2023-10-16T11:20:30+09:00")
（後略）
```

■ rule

weekend ポリシーでは、rule が登場しています。rule を利用することでポリシーをルールのセットとして細分化できます。ルールはなくても動作に影響しませんが、違反した箇所をルール単位で指摘してくれたり、その結果をキャッシュできるため、パフォーマンス面のメリットもあります。rule に記述したコメントはポリシーが Fail したときに Description として表示させられます。デバッグや可読性の観点で非常に有効なため、積極的に利用することをお勧めします。

それでは、実際にこのポリシーを実行して結果を確認してみましょう。

```
$ sentinel apply weekend.sentinel
Execution trace. The information below will show the values of all
the rules evaluated. Note that some rules may be missing if
short-circuit logic was taken.
```

---

[5] https://docs.hashicorp.com/sentinel/imports

[6] Sentinel が組み込まれたアプリケーションによっては利用できない標準ライブラリもあるので利用する際は各アプリケーションのドキュメントを参照してください。

[7] https://docs.hashicorp.com/sentinel/language

第 8 章　Sentinel による Policy as Code の実践

```
Note that for collection types and long strings, output may be
truncated; re-run "sentinel apply" with the -json flag to see the
full contents of these values.

The trace is displayed due to a failed policy.

Fail - weekend.sentinel

Description:
  今日が土曜日あるいは日曜日かどうかを判定

  weekend.sentinel:12:1 - Rule "main"
  Description:
    今日が土曜日あるいは日曜日かどうかを判定

  Value:
    false
```

　ルールを利用することで、どの部分でルールが false になっているか表示されるようになりました。today に代入した日付の曜日は月曜日（Monday）のため、このポリシーは Fail になっていることがわかるかと思います。また、便宜上、固定の日付を today に代入しましたが、次のようにすることで実行時の日付を代入することも可能です。

```
import "time"

// UTCからJSTに変換
today = time.now.add(9*(3.6e+12))
 （後略）
```

246

8.2.5 ルールの記述

`rule`についてもう少し詳しく見ていきましょう。例えば、リスト8.5のようなポリシーがあったとします。

リスト8.5　homework.sentinel

```
1:  day = "Monday"
2:  homework = ""
3:  school_today = true
4:
5:  main = rule {
6:    ((day is "Saturday" or day is "Sunday") and homework is "")
7:    or (day in ["Monday", "Tuesday", "Wednesday", "Thursday",
8:    "Friday"] and not school_today and homework is "")
9:  }
```

あなたは友達と遊びに行けるどうかを考える必要があるとします。遊びに行ける条件は、「宿題がない週末」か「学校も宿題もない平日」のみです。これらの条件を元に改めてコードを見てみると、このポリシーが直感的にPassするかFailするかわかりますでしょうか。条件自体は非常にシンプルでしたが、コードではなんだか情報量が多くて複雑だと感じると思います。実際に実行すると次のような結果になります。

```
$ sentinel apply homework.sentinel
Execution trace. The information below will show the values of all
the rules evaluated. Note that some rules may be missing if
short-circuit logic was taken.

Note that for collection types and long strings, output may be
truncated; re-run "sentinel apply" with the -json flag to see the
full contents of these values.
```

```
The trace is displayed due to a failed policy.

Fail - homework.sentinel

homework.sentinel:5:1 - Rule "main"
  Value:
    false
```

このポリシーでは、1つのルールの中に複数の条件を入れているため、複雑になってしまっています。そこでルールを使って**リスト 8.6** のようにリファクタリングすることができます。

リスト 8.6　homework.sentinel

```
1:  day = "Monday"
2:  homework = ""
3:  school_today = true
4:
5:  // 週末かどうか判定
6:  is_weekend = rule { day in ["Saturday", "Sunday"] }
7:
8:  // 週末かつ宿題がないかどうか判定
9:  is_valid_weekend = rule { is_weekend and homework is "" }
10:
11: // 学校が休みかつ宿題がないかどうか判定
12: is_valid_weekday = rule { not is_weekend and not school_today and homework is "" }
13:
14: // 友達と遊びに行けるかどうか判定
15: main = rule { is_valid_weekend or is_valid_weekday }
```

「友達と遊びに行けるかどうか」というポリシーを「週末かどうか」「週末かつ宿題がないかどうか」「学校が休みかつ宿題がないかどうか」という3つのルール

に分割して定義しています。このようにルールを利用することで最初と比較してコードが直感的に理解しやすくなり、ポリシーに違反する場合に、どのルールを満たしていないのかがコメントとセットでデバッグしやすくなります。

```
$ sentinel apply homework.sentinel
Execution trace. The information below will show the values of all
the rules evaluated. Note that some rules may be missing if
short-circuit logic was taken.

Note that for collection types and long strings, output may be
truncated; re-run "sentinel apply" with the -json flag to see the
full contents of these values.

The trace is displayed due to a failed policy.

Fail - homework.sentinel

Description:
    友達と遊びに行けるかどうか判定

homework.sentinel:15:1 - Rule "main"
  Description:
    友達と遊びに行けるかどうか判定

  Value:
    false

homework.sentinel:12:1 - Rule "is_valid_weekday"
  Description:
    学校が休みかつ宿題がないかどうか判定

  Value:
    false

homework.sentinel:9:1 - Rule "is_valid_weekend"
```

第 8 章　Sentinel による Policy as Code の実践

```
  Description:
    週末かつ宿題がないかどうか判定

  Value:
    false

homework.sentinel:6:1 - Rule "is_weekend"
  Description:
    週末かどうか判定

  Value:
    false
```

　先に、ルールは結果がキャッシュされると紹介しましたが、ルールが評価されるタイミングには注意が必要です。ルールは定義された時点で評価されるのではなく、呼び出されたタイミングで評価されて結果が保存されます。

リスト 8.7　Sentinel ルールの評価タイミング（1）

```
1:  a = 1
2:
3:  b = rule { a == 1 }
4:  a = 2
5:
6:  main = b
```

　したがって、リスト 8.7 で 3 行目が読まれたタイミングでは変数 b の値はまだ評価されず、b の値はわかりません。6 行目で b が呼び出されてはじめて b のルールが評価されることになります。そのため、「a = 2」の状態で「rule { a == 1 }」が評価されるため、このポリシーは Fail になります。ルールは呼び出されたタイミングで一度だけ評価されるため、それ以降何度呼び出しても同じ結果が返されることになります（リスト 8.8）。

リスト 8.8　Sentinel ルールの評価タイミング（2）

```
1:  a = 1
2:
3:  b = rule { a == 1 }
4:  print("first b value is", b)
5:
6:  a = 2
7:  print("second b value is", b)
8:
9:  main = b
```

　ここまで、ルールについて詳しく見てきました。ルールは特にポリシーに違反したときのデバッグとして非常に有効ですので、積極的に活用して行きましょう。

8.2.6　組み込み関数

　Sentinel では、他のプログラミング言語同様にいくつかの組み込み関数を提供しています[8]。例えば、デバッグログを表示する方法としては print を利用できます。通常デバッグログはポリシーの Fail 時にしか表示されませんが、-trace オプションを利用することで表示させられます。

　先ほどのリスト 8.8 を print.sentinel というファイル名で保存して実行すると次のようになります。

```
$ sentinel apply -trace print.sentinel
No modules changed since last install
 (中略)
No policies changed since last install

 Execution trace. The information below will show the values of all
```

[8] https://docs.hashicorp.com/sentinel/functions

```
the rules evaluated. Note that some rules may be missing if
short-circuit logic was taken.

Note that for collection types and long strings, output may be
truncated; re-run "sentinel apply" with the -json flag to see the
full contents of these values.

Pass - print.sentinel

Print messages:

first b value is true
second b value is true


print.sentinel - Rule "b"
  Value:
    true
```

　Sentinel では、ポリシーを論理値として評価すると紹介しましたが、`main` の値が論理値以外の型の場合でもポリシーは評価されます（**表 8.1**）。

Type	Pass	Fail
Boolean	true	false
String	""	空文字列以外の値
Interger	0	0 以外の値
Float	0.0	0.0 以外の値
List	[]	要素が 1 つ以上のリスト
Map	{}	要素が 1 つ以上のマップ

表 8.1　型ごとにおけるポリシー評価

　これらを利用するメリットとしては、トレースのしやすさがあります。例えば、`maintenance_days` というリストが空でない値で定義されている場合に、「`main`

= rule { maintenance_days }」と「main = rule { maintenance_days == [] }」はどちらもポリシーの評価が False になりますが、デバッグと可読性の観点から「main = rule { maintenance_days }」のほうが優れています。気になる方は実際にそれぞれの値で試してみてください。Fail の場合は各要素が表示されることが確認できると思います。

これを活用して、「メンテナンスは午前 6 時以前に開始される」というポリシーをリスト 8.9 のように定義できます。

リスト 8.9　maintenance-days.sentinel

```
 1:  maintenance_days = [
 2:      {
 3:          "day": "Wednesday",
 4:          "hour": 9,
 5:      },
 6:      {
 7:          "day": "Friday",
 8:          "hour": 1,
 9:      },
10:      {
11:          "day": "Sunday",
12:          "hour": 1,
13:      },
14:  ]
15:
16:  main = rule {
17:      filter maintenance_days as d {
18:          d.hour >= 6
19:      }
20:  }
```

`filter` はコレクションを操作するときに利用できます。書き方はいくつかあり

ますが、いずれも条件式を満たす要素だけを持つようなコレクションを返します。

```
// リスト
filter 変数 as 値 { 条件式 }
filter 変数 as インデックス値, 値 { 条件式 }

// マップ
filter 変数 as キー { 条件式 }
filter 変数 as キー, バリュー { 条件式 }
```

リスト8.9のポリシーはPassするでしょうか。それともFailするでしょうか。ここでは結果は省略しますが、気になる方は実際に実行して確認してみてください。

8.2.7　パラメータ

ここまで、Sentinelの基本的な文法について見てきました。チュートリアルの最後として、パラメータについて紹介します。パラメータを使うことでポリシーの再利用性を高めたり、ハードコーディングを避けられます。

パラメータは`param`を使うことで利用できます。また、次のように`default`を利用してデフォルト値を設定することもできます。予約語や後述するグローバルデータやインポートなどで利用されている値は、パラメータとして定義できません。

```
// テスト用のパラメータ。これは必須パラメータであり、もし空であればポリシーがFailする
param foo
// テスト用のパラメータ。デフォルト値は42
param bar default 42
```

パラメータには次の4つの方法で値を渡せます。

1. Sentinel CLI 設定ファイルを利用する
2. 環境変数を利用する

3. コマンドライン引数を利用する
4. 対話式にパラメータを設定する

それぞれについて見ていきます。

■ Sentinel CLI 設定ファイルを使った設定方法

Sentinel では、`apply` や `test` を実行する際に設定ファイルを指定できます。`param` ブロックを利用することで必須パラメータを指定したり、デフォルトの値を上書きできます。

```
param "foo" {
  value = "bar"
}
```

Sentinel CLI 設定ファイルについて、詳しくは後述の 8.4「Sentinel CLI 設定ファイル」を参照してください。

■ 環境変数を使った設定方法

環境変数を使って値を渡すこともできます。この設定方法を利用する場合は、`SENTINEL_PARAM_`で始まる環境変数を設定する必要があります。例えば `foo` というパラメータに `bar` を設定したい場合は次のようになります。

```
$ SENTINEL_PARAM_foo=bar sentinel apply policy.sentinel
```

■ コマンドライン引数を使った設定方法（`sentinel apply` のみ）

コマンドライン引数 `-param` を利用してパラメータを設定することもできます。現状は「sentinel apply」でのみ利用可能です。

```
$ sentinel apply -param foo=bar policy.sentinel
```

■ 対話式にパラメータを設定する方法（`sentinel apply`のみ）

上記のいずれでも必須パラメータの指定がない場合に、ポリシーが実行されるとパラメータのコメント付きで入力が求められます。現状は「`sentinel apply`」でのみ利用可能です。

```
$ sentinel apply policy.sentinel
  policy.sentinel:2:7: requires value for parameter foo
    テスト用のパラメータ。これは必須パラメータであり、もし空であればポリシーがFailする

    Values can be strings, floats, or JSON array or object values. To force
    strings, use quotes.

  Enter a value: hoge

  Pass - policy.sentinel
```

以上でSentinelのチュートリアルは終わりです。Sentinelではどのようにポリシーを定義し、どのように実行されるのか、全体的な流れがイメージできるようになっていれば十分に活用できるかと思います。次は、Sentinelを導入・運用するにあたって非常に重要なテストについて学んでいきましょう。

8.3 ポリシーテスト

Sentinel CLIを利用する大きなメリットのひとつとして、定義したポリシーのテストを行うというものがあります。Sentinelではポリシーが期待したとおりの振る舞いをするかどうかを検証するために、テストフレームワークを提供しています。せっかくポリシーを定義してセキュリティガードレールをワークフローに取り入れたとしても、根底となるポリシーが期待どおりに機能していなければ意味のないものになってしまいます。そういった意味でもポリシーのテストおよび検証は非常に重要です。

8.3.1 テストケースの準備

テストを実行するには`test/<policy>/*.[hcl|json]`のディレクトリ構造に従ってファイルを作成する必要があります。`<policy>`はポリシーのファイル名（`.sentinel`拡張子を除いた値）です。この`test`ディレクトリ配下にある1つのファイルにつき1つのテストケースを表します。テストディレクトリ配下のファイルは後述するSentinel CLI設定ファイルと同じように書けます。それでは、実際のポリシーを例にテストを書いてみましょう（リスト8.10）。

リスト8.10　opening-hours.sentinel

```
 1:  // 曜日。頭文字は大文字。例：Sunday
 2:  param day
 3:
 4:  // 時間。例：午前7時であれば7、午後7時であれば19
 5:  param hour
 6:
 7:  // 曜日(day)が平日かどうか
 8:  is_weekday = rule { day not in ["Saturday", "Sunday"] }
 9:  // 時刻(hour)が午前8時から午後5時（17時）のあいだであるかどうか
10:  is_open_hours = rule { hour >= 8 and hour <= 17 }
11:
12:  // 営業日内の問い合わせかどうか判定
13:  main = rule { is_open_hours and is_weekday }
```

本章をここまで読んできた皆さんであれば、このポリシーが何を意味するのかわかるかと思います。これは「曜日と時間から営業時間かどうか」を判定するポリシーです。8、10行目を見てみると、どうやらこのお店は平日のみの営業で営業時間は午前8時から午後5時までのようです。営業時間外の問い合わせは全て受け付けないようにしたいですよね。そのためにも、このポリシーが期待どおりに動作するかテストしておきましょう。

まずは、上記のコードを `opening-hours.sentinel` というファイル名で保存しておきましょう。次に同じディレクトリ内に `test/opening-hours/pass.hcl` というファイルを**リスト 8.11** のように作成します。

リスト 8.11　test/opening-hours/pass.hcl

```
 1:  param "day" {
 2:     value = "Monday"
 3:  }
 4:
 5:  param "hour" {
 6:     value = 14
 7:  }
 8:
 9:  test {
10:     rules = {
11:        main           = true
12:        is_open_hours  = true
13:        is_weekday     = true
14:     }
15:  }
```

こちらのファイルでは「月曜日の午後2時に問い合わせができるかどうか」についてのケースをテストします。

`param` ブロックでは、Sentinel CLI 設定ファイルを使ったパラメータの設定方法で紹介したのと同様、パラメータの値を指定しています。どちらのパラメータもデフォルト値が定義されていないため、どちらかが指定されていない場合はエラーになります。また、9 行目を見ると新しく `test` ブロックが定義されています。このブロックではテストケースを指定します。`rules` にはルール名とその論理値をマップで表した値を代入します。この例ではポリシーに定義されている全てのルールが `true` になる場合にのみテストが Pass するようにテストケースを作成しています。では、実際にテストを実行してみましょう。

8.3 ポリシーテスト

```
$ sentinel test opening-hours.sentinel
PASS - opening-hours.sentinel
PASS - test/opening-hours/pass.hcl
1 tests completed in 872.875c2b5s
```

期待どおり動作していることがわかりました。試しにいずれかの `rules` の値を `false` にすると Fail になるのがわかると思います[9]。

```
$ sentinel test -verbose opening-hours.sentinel
Installing test modules for test/opening-hours/pass.hcl

PASS - opening-hours.sentinel
PASS - test/opening-hours/pass.hcl

    trace:
      opening-hours.sentinel:13:1 - Rule "main"
        Description:
          営業日内の問い合わせかどうか判定

        Value:
          true

      opening-hours.sentinel:10:1 - Rule "is_open_hours"
        Description:
          時刻(hour)が午前8時から午後17時のあいだであるかどうか

        Value:
          true

      opening-hours.sentinel:8:1 - Rule "is_weekday"
        Description:
```

---

[9] テスト時に Pass するケースもトレースを表示させたい場合は `-verbose` オプションを利用できます。

第 8 章　Sentinel による Policy as Code の実践

```
          曜日(day)が平日かどうか

       Value:
         true
1 tests completed in 1.318208ms
```

　同様に、test/opening-hours/fail.hclというファイルを作成し、リスト8.12のように書き換えてみましょう。今度は「月曜日の午前7時に問い合わせができるかどうか」についてのケースをテストをしてみたいと思います。

リスト 8.12　test/opening-hours/fail.hcl

```
 1:  param "day" {
 2:    value = "Monday"
 3:  }
 4:
 5:  param "hour" {
 6:    value = 7
 7:  }
 8:
 9:  test {
10:    rules = {
11:      main          = false
12:      is_open_hours = false
13:    }
14:  }
```

　これを実行すると先ほどの結果に加えてtest/opening-hours/fail.hclもPassされるかと思います。

```
$ sentinel test opening-hours.sentinel
 PASS - opening-hours.sentinel
 PASS - test/opening-hours/fail.hcl
```

```
PASS - test/opening-hours/pass.hcl
1 tests completed in 1.318208ms
```

お気づきの方もいるかもしれませんが、`is_weekday` というルールがテストされていません。これは意図的に除いています。Sentinel では論理演算子（and/or/xor/!/not）が左から右に評価されて、「短絡評価」[10] を行うためです。つまり「`rule {is_open_hours and is_weekday }`」が評価されるときに、今回のケースであれば「`is_open_hours`」は false になるため、`is_weekday` は評価されずに終了します。`is_weekday` を追加すると Fail になることが確認できます。

8.3.2 モックテスト

Sentinel では、モックテストもサポートしています。これは本番環境を想定した条件下でテストを実行したい場合において特に有効です。チュートリアルで扱った例を元にどのようにモックテストが書けるのか学んでいきましょう（**リスト8.13**）。

リスト 8.13　weekend.sentinel

```
 1:   import "time"
 2:
 3:   // UTCからJSTに変換
 4:   today = time.now.add(9*(3.6e+12))
 5:
 6:   weekday = today.weekday_name
 7:   weekend = ["Saturday", "Sunday"]
 8:
 9:   // 今日が土曜日あるいは日曜日かどうかを判定
10:   main = rule { weekday in weekend }
```

---

[10] https://ja.wikipedia.org/wiki/短絡評価

先ほどの例ではパラメータが利用されていたため、それをテスト側で指定することでポリシーのテストを実行できました。それだけであればシンプルですが、実際はライブラリや関数、外部データなどを利用したテストも検証する必要がある場合がほとんどだと思います。そのような場合には mock を利用できます。mock では静的なデータを直接入力することでモック化する方法と Sentinel のコードでモック化する方法があります。それぞれ簡単に紹介します。

例えば、`time.now.hour` や `time.now.minute` をモック化したい場合はリスト 8.14 のように書けます。

リスト 8.14　test/weekend/pass.hcl

```
1:  mock "time" {
2:    data = {
3:      now = {
4:        hour = 9
5:        minute = 42
6:      }
7:    }
8:  }
```

これらは非常に簡単に定義できますが、一方で JSON または HCL でしか表現できないため、`timespace.add(duration)` や `time.load(timeish)` といった関数を表現できません。そのような場合は、Sentinel のコードを利用してモック化することで解決できます（リスト 8.15）。

リスト 8.15　test/weekend/mock-pass.sentinel

```
1:  now = {
2:    "add": func(_) {
3:      return {
4:        "weekday_name": "Saturday",
5:      }
```

```
6:    },
7:  }
```

これらを読み込むように**リスト 8.14** の設定ファイルを修正します (**リスト 8.16**)。

リスト 8.16   test/weekend/pass.hcl

```
1:  mock "time" {
2:    module {
3:      source = "mock-pass.sentinel"
4:    }
5:  }
6:
7:  test {
8:    rules = {
9:      main = true
10:   }
11: }
```

テストを実行してみましょう。

```
$ sentinel test weekend.sentinel
PASS - weekend.sentinel
  PASS - test/weekend/pass.hcl
1 tests completed in 4.405ms
```

これで、モックテストを実行できました。Fail の場合など複数のケースのテストを実行したい場合でもモックデータを追加することで、同様に実行できます。これまで詳しくは触れてきませんでしたが、`sentinel.hcl` や `test/<policy>/*.[hcl|json]` を利用することで外部からポリシーやモジュールを読み込んだり、テストケースを作成したりできます。これらのファイルは Sentinel CLI の設定ファイルまたは単に「Sentinel 設定ファイル」と呼ばれます。

次はこのSentinel CLIの設定ファイルについてより詳しく見ていきましょう。

8.4 Sentinel CLI 設定ファイル

前節やチュートリアルのパラメータの設定方法で触れていますが、Sentinel CLI の設定ファイルを利用することで`apply`や`test`コマンドでの振る舞いを設定できます。設定ファイルはファイルの拡張子が`.hcl`または`.json`で表せられます。

特に「`sentinel apply`」コマンドではデフォルトで`sentinel.hcl`というファイルが読み込まれますが、`-config=PATH_TO_FILE`フラグを利用することで任意の名前の設定ファイルを読み込むことも可能です[11]。

8.4.1 設定ファイルのブロック

設定可能なブロックは次のとおりです。

mock：前述のようなモックテストをする際に利用できる
policy：定義したポリシーを読み込める
import：後述するmoduleなど、外部で定義されたものをポリシー内に読み込める
global：ポリシーのグローバルスコープでデータを定義できる
param：ポリシーで定義したパラメータのデータを提供できる
test：前述したようなテストで利用できる
sentinel：Sentinelランタイムを設定できる

それぞれのブロックについて詳しく見ていきましょう。

■ **policy** ブロック

`policy`ブロックを利用することで、複数のポリシーを読み込めます。`policy`ブロックでは`source/enforcement_level/params`を設定可能です。`source`は、必須のパラメータであり、ポリシーが定義されているファイルへのパスを渡すこと

---

[11] `-config`が複数設定されている場合は最後に設定したファイルのみが読み込まれます。

で読み込めます。enforcement_level は advisory/soft-mandatory/hard-mandatory の 3 つのレベルから選択可能です。デフォルトでは advisory が適用されます。それぞれの挙動は次のようになっています。

Advisory：ポリシーに違反している場合でも、メインの実行を妨げずに UI やログを通じてアラートだけを確認できるようにする
Soft Mandatory：ポリシーに違反している場合は、メインの実行を停止し権限を持つユーザーがそれらを許可するかどうか判断できる
Hard Mandatory：ポリシーに違反している場合は、このポリシーを削除するかポリシーを満たすように修正しない限りはメインの実行を続けることはできない

■ params ブロック

params は任意のパラメータであり、ポリシーで定義された値を設定できます。パラメータはさまざまな方法で設定できますが、キーが重複している場合は図 8.4 のようなルールに則って上書きされます。

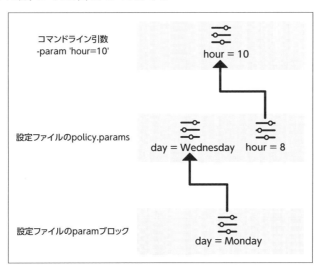

図 8.4　パラメータの優先順位

リスト 8.17 の設定ファイルがカレントディレクトリにある状態で「sentinel apply」を実行すると opening-hours と weekend の 2 つのポリシーが実行され

ることが確認できます。

リスト 8.17　sentinel.hcl

```
 1:  policy "opening-hours" {
 2:    source = "./opening-hours.sentinel"
 3:    enforcement_level = "hard-mandatory"
 4:    params = {
 5:      "day" = "Monday"
 6:      "hour" = 10
 7:    }
 8:  }
 9:
10:  policy "weekend" {
11:    source = "./weekend.sentinel"
12:    enforcement_level = "advisory"
13:  }
```

実行すると次のようになります。

```
$ sentinel apply
Pass - opening-hours.sentinel
Pass - weekend.sentinel
```

■ global ブロック

global ブロックでは、グローバルデータを定義および設定できます（リスト 8.18）。

リスト 8.18　sentinel.hcl

```
 1:  global "time" {
 2:    value = {
```

```
3:      now = {
4:        day = 31
5:      }
6:    }
7:  }
```

これで、全てのポリシーで time というグローバルデータが利用できるようになりました。標準ライブラリとは異なり、import ブロックは必要ありません[12]。

グローバルデータを参照する場合は次のように記述します。

```
main = time.now.day == 31
```

■ import ブロック

import ブロックでは、モジュールやファイルを読み込めます。モジュールの詳細については次項で説明しますので、ここではモジュールの設定方法のみを紹介します。module では、module ラベルを利用して「import "module" "MODULE_NAME"」のようにブロックを定義します。source で対象のパスを指定することで利用できます（リスト 8.19）。

リスト 8.19　sentinel.hcl

```
1:  import "module" "foo" {
2:    source = "modules/foo.sentinel"
3:  }
4:
5:  import "module" "bar" {
6:    source = "modules/bar.sentinel"
7:  }
```

---

[12] 標準ライブラリやモジュールなどと同じ名前のグローバルデータを定義した場合、グローバルデータは上書きされます。

また、Sentinelではポリシー内でファイルを参照することもできます。それには static ラベルを利用します。ファイルの読み込みでは source と format を指定できますが、現在は JSON フォーマットのみサポートされています（リスト 8.20）。

リスト 8.20　sentinel.hcl

```
1:  import "static" "people" {
2:    source = "./data/people.json"
3:    format = "json"
4:  }
```

■ リモートソース

最後にリモートソースについて紹介します。`policy` や「`import "module"`」ブロックの `source` ではローカルファイルだけではなく、リモートのリソースを参照することもできます。これによってポリシーやモジュールの再利用性を高められます[13]。

次のプロトコルをサポートしています。

- ◆ ローカルファイルシステム
- ◆ Git
- ◆ Mercurial
- ◆ HTTP
- ◆ Amazon S3
- ◆ Google GCP

ここでは HCP Terraform/Terraform Enterprise でサポートしている HTTP での利用ついて簡単に紹介します。HTTP プロトコルでリモートのポリシーを参照させたい場合は、リスト 8.21 のように読み込めます。

---

[13] こちらの機能は Sentinel が統合されたアプリケーションによっては利用できないものもあるので詳細はそれぞれのドキュメントを確認してください。

8.4 Sentinel CLI 設定ファイル

リスト 8.21　sentinel.hcl

```
1: policy "deny-public-ssh-nsg-rules" {
2:   source = "https://registry.terraform.io/v2/policies/hashicorp /azure-networking-terraform/1.0.2/policy/deny-public-ssh-nsg-rules.sentinel?checksum=sha256:75c95bf1d6eb48153cb31f15c49c237bf7829549beebe20effa07bcdd3f3cb74"
3:   enforcement_level = "advisory"
4: }
```

GitHub の URL を利用する場合は、GitHub の Raw URL を指定する必要があります（リスト 8.22）。Raw URL は GitHub リポジトリで対象の Sentinel のファイルを開き、ページの右上の［Raw］を押すことで取得できます。

リスト 8.22　sentinel.hcl

```
1: import "module" "tfplan-functions" {
2:   source = "https://raw.githubusercontent.com/hashicorp/terraform-sentinel-policies/main/common-functions/tfplan-functions/tfplan-functions.sentinel"
3: }
```

8.4.2　モジュール

Sentinel でもモジュールを利用することで、関数やルールをポリシー間で再利用できるようになります。ポリシー間で差分がないコードを共通化することで、可読性の向上や思いがけないバグを未然に防げます。ただし、Sentinel が利用可能な全てのアプリケーションでモジュールが利用できるわけではないので注意が必要です。詳細は各アプリケーションのドキュメントを確認してください。

モジュールの代表的なユースケースは次のとおりです。

- **ヘルパーライブラリの実装**
  ポリシー内で頻繁に利用される変数や関数をモジュールとして抽象化することでコードの品質を高められます。
- **再利用可能なルールの実装**
  ポリシー内で複数のルールを利用している場合、それらをポリシー間で共有したい場合があります。ルールをモジュールとして切り出すことでそういったケースにも対応可能です。

モジュールはポリシーの書き方とほとんど同じですが、いくつか異なる点があります。

- モジュール内に `main` が存在する必要はない。定義することもできるが、ポリシーのように特別な意味は持たない
- モジュール内に `param` を定義することはできない。存在する場合はランタイムエラーが発生する

Sentinel CLI 設定ファイルの項でも少し触れましたが、モジュールは Sentinel CLI 設定ファイルで `import` ブロックを利用することで設定できます（リスト 8.23）。

リスト 8.23　sentinel.hcl

```
1:   import "module" "foo" {
2:     source = "modules/foo.sentinel"
3:   }
4:
5:   import "module" "bar" {
6:     source = "modules/bar.sentinel"
7:   }
```

この例では `foo` と `bar` という 2 つのモジュールをそれぞれ設定しています。あとはポリシーを書くのと同じようにモジュールを書けます。例えば、`foo` という

モジュールの中に簡単な`hello`関数を定義する場合は**リスト8.24**のように書けます。

リスト8.24　modules/foo.sentinel

```
1:  hello = func() {
2:      print("Hello, 世界!")
3:      return undefined
4:  }
```

ポリシー内で呼び出すには`import`を利用してモジュールを読み込みます。モジュールスコープにある変数に値を直接割り当てることはできません。その場合は関数を利用することで値を更新できます（**リスト8.25**）。

リスト8.25　policy.sentinel

```
1:  import "foo"
2:
3:  // Hello, 世界!をログに表示
4:  foo.hello()
5:
6:  main = true
```

ここまで、Sentinelの基本的な機能について学んできました。他のプログラミング言語に触れたことがある方でも、そうでない方でも親しみやすいと実感していただけたかと思います。ここからは、今まで学んだSentinelの機能を活用してより実践的なポリシーの実装について見ていきましょう。

8.5 実践的なポリシー実装

本節ではSentinelをHCP Terraform/Terraform Enterpriseで利用するための実践的なポリシーを紹介します。

8.5.1 プロビジョナーの禁止

　Terraformには、`local-exec`や`remote-exec`といった**プロビジョナー**と言われる機能があります。プロビジョナーを利用することでローカルマシンまたはリモートマシン上で任意のコマンドを実行できますが、一方で複雑さや不確実性が増すため、Terraformの他の機能で実現できない場合の最終手段として利用されるものになります。組織やチーム内で原則プロビジョナーを利用させたくないといった場合に、Sentinelを活用できます。実際にプロビジョナーの利用を禁止するポリシーを見ていきましょう（リスト8.26）。

リスト8.26　prohibited-provisioners.sentinel

```
1:  import "tfconfig-functions" as config
2:
3:  prohibited_list = ["local-exec", "remote-exec"]
4:
5:  allProvisioners = config.find_all_provisioners()
6:  violatingProvisioners = config.filter_attribute_in_list(allProvisioners, "type", prohibited_list, false)
7:  config.print_violations(violatingProvisioners["messages"], "A provisioner of")
8:
9:  main = rule {
10:   length(violatingProvisioners["messages"]) is 0
11: }
```

　HCP Terraform/Terraform Enterpriseではアクセスしたいデータそれぞれに対して、`tfplan/tfconfig/tfstate/tfrun`の4つのインポートが提供されています。これらを利用することでTerraformに関するさまざまなデータにSentinelからアクセスできるようになります[14]。

---

[14] https://developer.hashicorp.com/terraform/cloud-docs/policy-enforcement/sentinel#sentinel-imports

tfplan：「terraform plan」データへのアクセスを提供する
tfconfig：Terraform コードへのアクセスを提供する
tfstate：Terraform ステートへのアクセスを提供する
tfrun：plan や apply といった Run Stage へのアクセスを提供する

　フルスクラッチで 4 つのインポートを利用することもできますが、HashiCorp ではこれらをより便利に利用するためのヘルパーライブラリが実装されています[15]）。このリポジトリをフォークしてカスタマイズすることもできますし、ヘルパーライブラリをリモートモジュールとしてインポートすることもできます。リスト 8.26 の 1 行目の `tfconfig-functions` は、ヘルパーライブラリのひとつで内部では `tfconfig/v2` を利用して実装されています。これらを活用することでよりシンプルにポリシーを書けます。

　3 行目では、禁止するプロビジョナーをリストで定義しています。このポリシーでは、`local-exec` と `remote-exec` が Terraform コードにあればポリシーチェックが失敗するようにします。

　5、6 行目では、`tfconfig-functions` で定義されている `find_all_provisioners` という関数を呼び出しています。この関数は Terraform コードに定義されている全てのプロビジョナーを返します。そして、`filter_attribute_in_list` を利用して全てのプロビジョナーに対して、`type` が `local-exec` または `remote-exec` のものをフィルターして返すという処理を行なっています。最後の引数はログを出力するかどうかを指定できます。`false` の場合はログが出力されません。

　`filter_attribute_in_list` は `items` と `messages` のキーをもったマップを返します。`items` には対象のプロビジョナーのコレクションが含まれており、`messages` には `item` に関連した違反のメッセージが含まれます。

　7 行目では、違反している `item` のメッセージをログに表示しています。そして最後に、ひとつでも違反しているメッセージがあれば `main` のルールで Fail になるようにしています。

---

[15] https://github.com/hashicorp/terraform-sentinel-policies/tree/main/common-functions

8.5.2 Terraformのバージョンの制限

次は、Terraformのバージョンを制限するためのポリシーについて見ていきましょう。例えば、特定のバージョンで脆弱性が見つかったり、破壊的変更があった場合にポリシーでバージョンを制限できます（リスト8.27）。

リスト8.27 restrict-terraform-versions.sentinel

```
1:  import "tfplan/v2" as tfplan
2:
3:  min_allowed_version = "1.2.2"
4:  violations = 0
5:
6:  if (tfplan.terraform_version < min_allowed_version) {
7:      violations = 1
8:      print("You are using terraform version", tfplan.terraform_version, "which is outdated.Please use any version higher than or equal to", min_allowed_version)
9:  }
10:
11: main = rule {
12:     violations is 0
13: }
```

このポリシーではTerraformのバージョンが1.2.2よりも小さい場合はポリシーがFailするようになっています。

8.5.3 ポリシー設定のポイント

この他にもHCP Terraform/Terraform EnterpriseのCost Estimationの機能と組み合わせることで月次のコストを制限したり、特定のプロバイダーのみTerraformコードの中で利用できるようにポリシーを定義できます。

8.5 実践的なポリシー実装

　どのようなポリシーを実際に設定するかは、組織やチームのユースケースに応じて随時ポリシーを設定、見直しすることが大切です。HashiCorp では Sentinel のさまざまなポリシーコードを公開していますので[16]) 初めはこれらを参考にしながら個々のユースケースに落とし込み、カスタマイズしていくことをお勧めします。

> **Open Policy Agent**
>
> 　OPA（Open Policy Agent）は Styra によって開発された、汎用ポリシーエンジンです。OPA はオープンソースプロジェクトであり、2018 年に CNCF（Cloud Native Computing Foundation）に参入し、現在は Kubernetes や Envoy 同様に Graduated となっているプロジェクトになります。
>
> 　OPA ではポリシーを Rego という言語を使って定義できます。Sentinel と異なる特徴のひとつとして、ポリシーを外部から評価するための API が提供されている点があります。これを利用することでさまざまなアプリケーションから OPA に対してクエリを実行し、ポリシーを評価できます。また、Sentinel は HashiCorp 製品向けに開発されているフレームワークですが、OPA は Kubernetes や Envoy、Terraform などさまざまなソフトウェアで利用できます。Sentinel、OPA ともに特徴や強みが異なりますが、OPA の大きな強みのひとつはさまざまなソフトウェアで利用できる点と言えます。
>
> 　組織やチームによって、PaC 導入時の状況が異なるため状況に応じてそれぞれを比較し、どちらを利用するのがいいのか、場合によってはどちらも使うのか検討するのが良いかと思います。
>
> 　本書では OPA について詳しく触れませんが、多くの有益な資料がインターネット上に公開されていますので、より深く知りたい方はそちら参考にしていただければと思います。

---

[16]) https://github.com/hashicorp/terraform-sentinel-policies

8.6 HCP Terraform との連携

本章冒頭でも少し触れましたが、HCP Terraform/Terraform Enterprise では Terraform の Run Stage のひとつとして、Policy Check を取り入れられます。この節では、HCP Terraform/Terraform Enterprise を利用して Policy Check をどのようにワークフローに設定するかについて説明します。

8.6.1 ポリシーとポリシーセット

HCP Terraform/Terraform Enterprise では**ポリシー**と**ポリシーセット**という用語が存在します。ここでいうポリシーとは、Terraform 実行時に適用するルールのことを指します。ポリシーは Sentinel または OPA（Open Policy Agent）のいずれかを使用して定義できます。ポリシーセットは文字どおりポリシーの集合体であり、これを活用することでグローバルにまたは特定のプロジェクトやワークスペースにポリシーを適用できるようになります。これらを活用することで、HCP Terraform/Terraform Enterprise は対象の全ての実行に対してポリシーをチェックし、必要があれば実行を停止します。

ポリシーやポリシーセットを管理するには次のような方法があります[17]。

- **個別管理**
  HCP Terraform/Terraform Enterprise の UI を利用して、ポリシーコードを HCP Terraform/Terraform Enterprise にそれぞれ保存できます。ただし、こちらの方法ではポリシーコードのテストや管理をするのが困難なため、主にポリシー機能のテスト等をするために使われる方法です。
- **VCS（GitHub/GitLab など）による管理**
  ポリシーを VCS（Version Control System）上で管理し、HCP Terraform/Terraform Enterprise と VCS を連携させることでポリシーセットを管理できます。リ

---

[17] VCS や API・tfe プロバイダーによる管理方法は HCP Terraform Plus または Terraform Enterprise が必要となります。無償版では個別管理のみのサポートになります。

ポジトリを変更した場合は自動的に更新されたポリシーを見るようになります。
- **API や tfe プロバイダーによる管理**
  ポリシーを VCS 上で管理し、HCP Terraform/Terraform Enterprise の API を利用して、ポリシーセットを登録できます。また、tfe プロバイダーを利用することもできます。

新しいポリシーやポリシーセットを作成するには、オーナー権限かポリシー管理権限が必要です。VCS による管理では事前にポリシーコードが存在するリポジトリが必要になります。リポジトリには Sentinel CLI 設定ファイル sentinel.hcl と Sentinel ポリシーが定義されたファイル <policy>.sentinel が必要になります。サンプルリポジトリ[18] を Fork して利用することもできますが、その場合はユースケースに応じてカスタマイズしたうえで利用することをお勧めします。

8.6.2 ポリシーチェックの適用

ここからは実際にポリシーチェックを適用する方法について説明します。Terraform 実行ワークフローにポリシーチェックを適用するにはポリシーセットを作成する必要があります。そのためには HCP Terraform/Terraform Enterprise にログインし、[Organization Settings] から [Policy Sets] ページに進みます (図 8.5)。

図 8.5　ポリシーセットの作成

---

[18] https://github.com/hashicorp/terraform-sentinel-policies

右上に［Connect a new policy set］というボタンがあるのでクリックします。接続するためのVCSを選択します。ここではポリシーを管理しているVCSとそのリポジトリを選択してください。まだHCP Terraform/Terraform EnterpriseとVCSの連携を設定していない場合は、別途設定が必要になります。

ポリシーフレームワークにSentinelを選択します（図8.6）。

図8.6　ポリシーセットの設定

ルートディレクトリに`sentinel.hcl`がない場合は［More options］を選択し、［Policies path］に`sentinel.hcl`ファイルへのパスを入力する必要があります。

最後にこのポリシーを適用するためのワークスペースを選択します。一括で全てのワークスペースに適用することもできますし、選択したワークスペースのみにポリシーを適用させることもできます。

ポリシーセットが作成されると、どのリポジトリのどのコミットハッシュが参照されているのかを一覧で確認できます（図8.7）。

8.6 HCP Terraform との連携

図 8.7　ポリシーセット一覧

　ここまでで、実際にポリシーセットを作成し、ワークスペースに紐付けられました。ポリシーがきちんと適用されているかは、ポリシーを紐付けたワークスペースで Run の実行をすると Policy Check の Run Stage がワークフローに追加されていることが確認できます（図 8.8）。

図 8.8　ポリシーチェックの結果

　このように、HCP Terraform/Terraform Enterprise と Sentinel を組み合わせることで、セキュリティガードレールの自動化とビジネス要件や組織のコンプライアンスを強制できます。

　一般的に新しいフレームワークを導入するには学習コストや導入コストがかかりますが、Sentinel は機能的なシンプルさと設計思想からもわかるとおり、非常

279

第 8 章　Sentinel による Policy as Code の実践

に簡単に取り入れられます。ぜひ皆さんも Sentinel を利用して、Terraform でのインフラ構築・運用をより安全に、そして早く実践できるようにしましょう。

付録
Terraform Tips

本書の最後に、ここでは、これまでの章で解説できなかったTerraformのさまざまな機能について解説します。

A.1 Dynamic Provider Credentials

HCP TerraformのDynamic Provider Credentialsは、クラウドプロバイダーの認証情報を安全に管理するための機能です。この機能を使うことで、Terraformの実行時に動的に認証情報を取得し、セキュリティを向上させられます。

A.1.1 認証情報を直接与えるリスク

第3章のAWSの解説から第4章のAzureとGoogle Cloud、そして第5章のHCP Terraformにいたるまで、Terraformの実行時には認証情報を環境変数を通じて与えていました。AWSであればアクセスキーとシークレットアクセスキー、Azureであればサービスプリンシパル、Google Cloudであればサービスアカウントですね。これらの認証情報はユーザー名とパスワードのような感覚で使えるため、直感的にわかりやすいメリットがあります。

しかし、この手法には大きなリスクがあります。それは認証情報の不正な流出です。もし何らかのミスや不正アクセスにより認証情報が流出してしまうと、即

座に悪用される可能性があります。

「ミスなんてしないだろう」と思うかもしれませんが、認証情報の流出は意外と身近な問題です。たとえば、GitHubのパブリックリポジトリにうっかりコードをプッシュしてしまったり、オンライン会議の画面共有で認証情報が映り込んでしまったり、誰でもアクセスできるストレージに情報を保存してしまったりすることがあります。

プライベートリポジトリであっても安全とは限りません。時間が経過して認証情報の存在を忘れたころに、リポジトリの権限が変更されたり、内容が複製されたりすることで流出するケースもあります。

クラウドプロバイダーの認証情報が流出した場合の被害は深刻です。大量のリソースを作成されて暗号通貨マイニングに悪用されたり、ボットネットの構築に利用されたりすることがあります。その結果、クラウドプロバイダーから数千万円規模の請求が来ることも珍しくありません。さらに深刻なのは、ユーザーの個人情報が格納されたデータベースやストレージに不正アクセスされ、大規模な情報漏洩事故につながる可能性があることです。

このような問題があるため、認証情報を直接扱うことは極力避けたいものです。

A.1.2　認証情報を直接与えずにTerraformを使う

こういった問題を避けるために、認証情報を直接与えずにTerraformを実行する方法があります。それが、HCP Terraformが提供するDynamic Provider Credentialsです。

Dynamic Provider Credentialsは、HCP Terraformとクラウドプロバイダー間で相互の信頼関係を結ぶことで、環境変数に何も設定しなくてもTerraformを実行できるようにする機能です。

図A.1は、Dynamic Provider Credentialsの動作を示したものです。技術的にはOIDC（Open ID Connect）を利用しています。

Dynamic Provider Credentialsを有効にした場合、PlanやApply時にHCP Terraform内で生成されたWorkload Identity Tokenがクラウドプロバイダーに送信されます。このトークンはOIDCの仕組みに則っており、内部にHCP

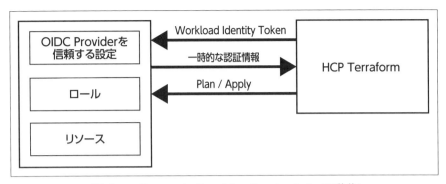

図 A.1　Dynamic Provider Credentials の動作

Terraform の Organization、Workspace、そして Run ステージの情報が含まれています。

クラウドプロバイダーは、Workload Identity Token が本当に HCP Terraform で生成されたものかどうかを公開鍵を使って検証します。検証に成功したら、一時的な認証情報を HCP Terraform に返します。HCP Terraform は、その認証情報を使って Terraform を実行することで、クラウドプロバイダーに構築ができるというわけです。この一連のやり取りは HCP Terraform とクラウドプロバイダー間で自動で行われるため、ユーザーは意識する必要がありません。ユーザーはいちど Dynamic Provider Credentials の設定さえしてしまえば、それ以降は認証情報なしで構築ができてしまうように見えます。

本章では、AWS を例に設定を方法を解説します。

A.1.3　AWS の設定

第 5 章の HCP Terraform の解説で、VCS 連携まで完了していることを前提に解説を進めます。

まずは AWS 側の設定を行います。AWS のコンソールを開き、IAM ページ[1]に移動します。次に、ナビゲーションペインから ID プロバイダーを選択し、[プロバイダを追加] ボタンを押します。

---

[1] https://console.aws.amazon.com/iam/

付録 A　Terraform Tips

　IDプロバイダーの追加画面にて、プロバイダーのタイプには [OpenID Connect] を選択。プロバイダーの URL には https://app.terraform.io を入力します。対象者には aws.workload.identity と入力します。入力が終わったら、[**プロバイダを追加**] ボタンを押しましょう（図 A.2）。

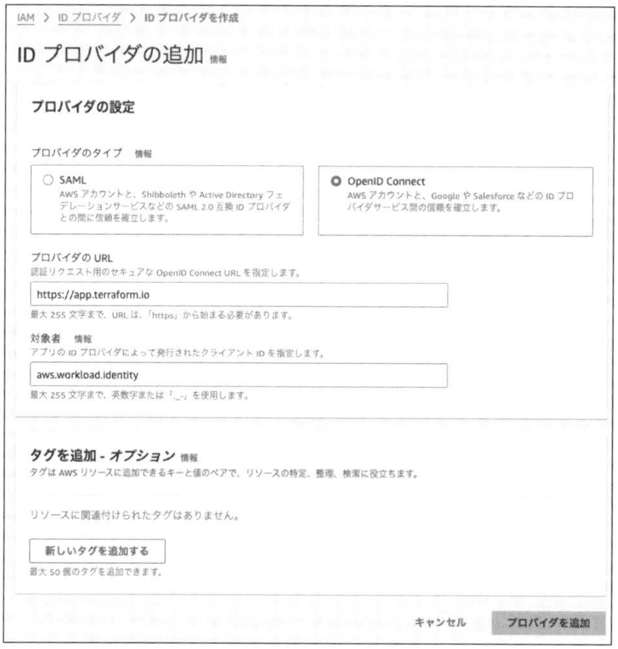

図 A.2　ID プロバイダーの設定

　次に、OIDC 用のロールを作成します。ナビゲーションペインからロールを選択し、ロールを作成ボタンを押します。

　信頼されたエンティティタイプには、[**ウェブアイデンティティ**] を選択します。すると下部にウェブアイデンティティの選択欄が現れますので、先ほど作成したアイデンティティプロバイダーを選択します。

　[Audience] には、[aws.workload.identity] を選択。[Organization] は、第 5 章で作成した Organization 名を入力しましょう。[Project] は、HCP Terraform で作成可能な、Workspace を整理するための仕組みです。今回は、全ての Project

を対象とする「*」と入力します[2]。[Workspace] には aws-infra、[Run Phase] には「*」と入力します（図 A.3）。

図 A.3 ウェブアイデンティティの設定

入力が終わったら、[次] へボタンを押します。許可を追加画面に遷移しますので、検索バーから [PowerUserAccess] を選択します。今回は解説のために広めの権限を与えていますが、実際の利用シーンでは、必要な最小限の権限を与えるようにしましょう。

[次へ] ボタンを押すと確認画面に遷移します。[ロールを作成] ボタンを押すと、ロールが作成され、一覧画面に戻ります。作成した HCPTerraform ロールを探してクリックしてください。

概要欄に、ARN が表示されています。この次の HCP Terraform の設定で使用しますので、メモしておきましょう（図 A.4）。

---

[2] なるべく対象となる範囲を絞ったほうがセキュリティ的には好ましいです。HCP Terraform のデフォルトプロジェクト名は Default Project ですが、この画面においては半角スペースを入力できないため、やむを得ずワイルドカードで指定しています。

付録 A　Terraform Tips

図 A.4　ロールの ARN を控えておく

A.1.4　HCP Terraform の設定

次に、HCP Terraform の設定を行います。HCP Terraform のコンソールを開き、[aws-infra] ワークスペースを選択してください。

左のナビゲーションペインから、[Variables] を選択します。第 5 章で作成した `AWS_ACCESS_KEY_ID` と `AWS_SECRET_ACCESS_KEY` がありますので、[Actions] のボタンから [Delete] を選択して削除してしまいましょう。

次に、新たな環境変数を 2 つ追加します。[Add variable] ボタンを押し、[Environment Variable] を選択してください。[Key] に `TFC_AWS_PROVIDER_AUTH` と入力します。[Value] には `true` と入力します。[Add variable] ボタンを押すと保存されます。もう一度 [Add variable] ボタンを押し、[Environment Variable] を選択してください。Key に `TFC_AWS_RUN_ROLE_ARN` と入力します。[Value] には、先ほど AWS 側で作成したロールの ARN を入力します。[Add variable] ボタンを押して保存しましょう（図 A.5）。

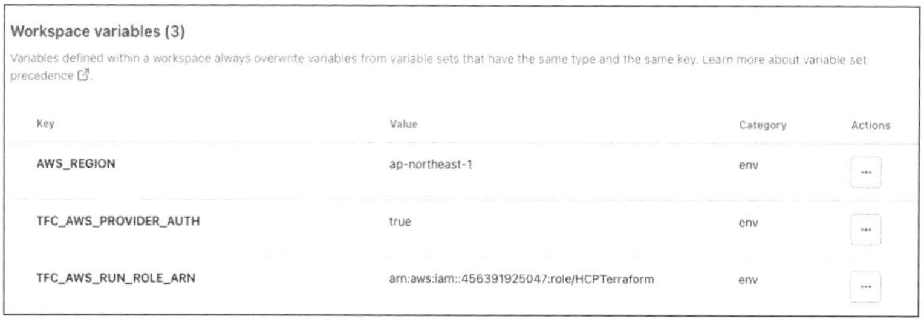

図 A.5　Dynamic Provider Credentials を有効にする場合の環境変数

これで、HCP Terraform の設定は完了です。環境変数に残っているのは、とくに見られても困らない情報だけです。

A.1.5 動作確認

AWS の設定、および HCP Terraform の設定が完了したら、Dynamic Provider Credentials が正しく動作するか確認しましょう。`aws-infra` ワークスペースのトップページにアクセスし、[New run] ボタンを押しましょう。[Run name] は空欄もしくは適当な文字を入力し、[Run Type] は [Plan and Apply] を選択。[Start] ボタンを押してください。

これで Plan と Apply が実行されます。とくにコードは変更していないので、Plan が成功したあとに Apply は実行されず、そのまま完了となるはずです。

Plan を実行している段階で、Terraform は AWS にアクセスしています。もし AWS への認証情報を持っていない場合、この段階でエラーになるはずです。しかし、Dynamic Provider Credentials の仕組みにより、内部的に一時的な認証情報が生成されているため、エラーとならず正常に実行されました。

このように、HCP Terraform を活用することで、認証情報を直接扱うことなく安全に Terraform を実行できることがわかりました。

A.1.6 さまざまなクラウドでの利用

本章では AWS を例に Dynamic Provider Credentials の設定方法を解説しました。他のクラウドプロバイダーでも同様の設定を行うことで、同様の効果を得られます。次のクラウドプロバイダー、もしくはサービスに対して Dynamic Provider Credentials を有効にできます。

- Azure
- Google Cloud
- Kubernetes
- HCP（HashiCorp Cloud Platform）
- HashiCorp Vault

付録 A　Terraform Tips

それぞれに対する設定方法は、HCP Terraform の公式ドキュメントを参照してください[3]。

A.2 読み出し専用のデータソースを定義する

これまで本書では、resource ブロックを使ってリソースを作成する方法を解説してきました。しかし、新規作成するのではなく、既にあるリソースを単に参照したいという場合はどうすれば良いでしょうか？ そこで利用できるのが、データソースです。

A.2.1　データソースとは

データソースは、既存のリソースを参照するための仕組みです。データソースを定義することで、新規リソースを作らずとも Terraform コードから値を利用できるようになります。

たとえば、AWS で EC2 の VM を新規作成したいが、VPC やサブネットは既にインフラチームによって作成されている、といったケースを考えてみましょう。こういう状態で、Terraform を使って構築したい場合はどうなるでしょうか？

▌データソースを使わない場合

```
resource "aws_instance" "example" {
  ami           = "ami-0eba6c58b7918d3a1"
  instance_type = "t3.micro"
  subnet_id     = "subnet-0123456789abcdef0"  ← Subnet ID を直接指定
  tags = {
    Name = "Test VM"
  }
```

---

[3] https://developer.hashicorp.com/terraform/cloud-docs/workspaces/dynamic-provider-credentials

}

このように、AWS 側で付与されたサブネット ID を調べて、直接記載する必要があります。データソースを利用すると、次のような指定が可能になります。

■ **データソースを使って既存リソースを参照する**

```
data "aws_subnets" "selected" {
  filter {
    name   = "tag:Name"
    values = ["VM Subnet"] ← タグでフィルタリング
  }
}

resource "aws_instance" "example" {
  ami           = "ami-0eba6c58b7918d3a1"
  instance_type = "t3.micro"
  subnet_id     = data.aws_subnets.selected.ids[0]
  tags = {                    ↑ データソースから Subnet ID を取得
    Name = "Test VM"
  }
}
```

データソース側でフィルタリングができるので、AWS コンソールからサブネット ID を調べる手間が省けますし、サブネット ID が変更された場合も Terraform コードを修正する必要がありません。データソースで取得した値は、`data.`＜データリソース名＞.＜ローカルリソース名＞のようなかたちで参照できます。

A.2.2 利用可能なデータソース

このようなデータソースはプロバイダー側で用意されています。Terraform Registry の各プロバイダーのドキュメントを見ると、左ペインに [Data Sources]

付録 A　Terraform Tips

という項目がありますので、そこからデータソースを確認できます（図 A.6）。

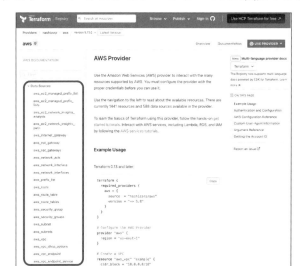

図 A.6　Terraform Registry の Data Sources

　データソースを活用することで既存リソースを変更することなく参照できますし、Destroy 時にも削除されることはありません。Terraform の利用の幅が広がりますので、ぜひ活用してみてください。

A.3 Terraform ファイルの分割方法

　Terraform を活用していると必ず悩むポイントが、コードファイルとステートファイルの分割方法です。Terraform の技術的には分割しなくても正しく動作しますが、実運用を考えると適切に分割したほうが管理が楽になります。

A.3.1　Terraform ファイルを分割して管理する

　これまで本書が例示してきた Terraform コードは、`main.tf`、`variables.tf`、`outputs.tf` の 3 ファイルで構成されていました。これは、Terraform の公式ド

キュメントで推奨されている、Standard Module Structure[4] に則った構成です。

`variables.tf` と `outputs.tf` はよいとしても、`main.tf` は構築するリソースの数が増えれば増えるほど行数が増えていきます。それなりの規模のインフラを構築する場合、1000 行を超えてしまうことも珍しくはありません。ですが、この行数になってしまうと目的のリソースを探し当てるのも一苦労です。

`main.tf` は `terraform` ブロックや `provider` ブロック、その他共通部品として扱えるリソースを記載するプライマリーエンドポイントとして活用し、その他のリソースは適切に他ファイルに分割することが推奨されています。

その分割方法はいくつかのパターンが考えられます。

■ 同種類のリソース単位

たとえば `app.tf`、`db.tf`、`network.tf` といった単位です。`app.tf` には、アプリケーションに関連するリソース、`db.tf` にはデータベースに関連するリソース、`network.tf` には VPC やサブネット、ファイアーウォールなどのネットワーク関連リソースを記載すると言った具合です。その場合ロードバランサーは `app.tf` なのか、それとも `network.tf` なのかは判断が分かれるところですが、どちらが正解といったものはないので、直感的に判断しやすいほうを選択しましょう。

■ サービス単位

ひとつの独立して機能するサービスの単位でファイルを分ける方法もあります。`payment.tf` にはペイメントサービスに関するアプリケーション、ロードバランサー、データベース、その他関連リソースをまとめて記載するというパターンです。サービスごとに担当者が別れている場合は便利なパターンです。

■ `variables.tf` と `outputs.tf`

`main.tf` を分割する場合でも、`variables.tf` と `outputs.tf` は共通で使用することを推奨します。そのモジュールに対して設定すべき変数は何なのか、期待できる出力は何なのかを見通しよく管理できるからです。メンテナンスに困るほ

---

[4] https://developer.hashicorp.com/terraform/language/modules/develop/structure

どに `variables.tf` や `outputs.tf` の行数が多くなっている場合は、次項で説明するステートファイルの分割を考えるべきかもしません。

A.3.2 ステートファイルを分割して管理する

　本書ではAWS、Azure、Google Cloudそれぞれに対して構築を行う例を示してきました。その際、1つのルートモジュールにAWS、Azure、Google Cloudを同居させるのではなく、それぞれ別のフォルダを作成し、そこに`main.tf`をはじめとするTerraformコードを配置し、Init、Plan、Applyを実行しました。この場合は、それぞれのフォルダがルートモジュールとして機能しますので、それぞれ別のステートファイルを持つことになります。

　Terraformの技術的な面でいうと、異なるプロバイダーであっても同じTerraformコードで問題なく動作します。本書で解説した各クラウドプロバイダーごとのコードを1ファイルにマージしても、とくに問題なく動いてしまうのです。その場合は、1回のApplyで全てのクラウドに対して同時にリソースが作成されることになります。

　ただし、技術的に問題なく動作するかと、実運用に即しているかは別の話です。たとえば、AWS環境を削除するために「`terraform destroy`」を実行したとき、同時にAzureやGoogle Cloudのリソースが削除されてしまうというのは、運用上困るケースのほうが多いのではないでしょうか。また、Terraformが管理するリソース数は、増えれば増えるほどPlanやApplyの時間が長くなっていきます。あまりに長いとPlanに十数分かかってしまうというケースもありますので、その観点でも適切なステートファイルの分割が必要となります。

■ プロバイダーごとに分割する

　既に説明したクラウドプロバイダーごとにフォルダやリポジトリを分ける方法です。一般的に異なるプロバイダーを使う場合は、分割したほうが取り回しがよくなります。

　たとえば、1つのクラウドで障害が発生している場合、PlanやApplyが失敗してしまうことがあります。その場合、障害が起きていないのに他のクラウドに対

A.3 Terraform ファイルの分割方法

しても作業ができないことになってしまい、運用上の支障が起きえます。ただし、仕組み上どうしても A プロバイダーと B プロバイダーを同時に更新しなければいけない要件がある場合は、その限りではありません。ライフサイクルを考慮しながら分割方法を検討しましょう。

■ 実行環境ごとに分割する

ひとつのサービスに対して、Dev、Staging、Production といった実行環境をそれぞれ用意するのは一般的かと思います。Terraform で環境構築を行う場合、それぞれを別フォルダ、もしくは別リポジトリとして管理することを強く推奨します。

▌同一リポジトリを使う場合

```
payment/
    ├── dev
    │   ├── main.tf
    │   ├── outputs.tf
    │   └── variables.tf
    ├── prod
    │   ├── main.tf
    │   ├── outputs.tf
    │   └── variables.tf
    └── stg
        ├── main.tf
        ├── outputs.tf
        └── variables.tf
```

▌別リポジトリを使う場合

```
payment-dev/
   ├── main.tf
   ├── outputs.tf
   └── variables.tf
payment-prod/
   ├── main.tf
   ├── outputs.tf
```

付録A　Terraform Tips

　別リポジトリであれば、第5章で解説している HCP Terraform の仕組みを活用して、それぞれ VCS 連携を行った Workspace を作成できることはわかるでしょう。では同一リポジトリ、別フォルダの場合はどうかというと、こちらも問題なく別 Workspace を作成できます。VCS 連携の際、`Terraform Working Directory` という設定項目がありますので、そこにフォルダパスを指定することで対応できます。

　環境ごとにフォルダを分割するのはよいけれど、それぞれの環境に同じようなリソースの宣言をしないといけないのは面倒ですよね。そのような場合はモジュールを活用しましょう。共通するリソースはモジュールとして別フォルダに切り出しておくことによって、それぞれの環境から呼び出すだけで同一構成のリソースを構築できるようになります。

　さて、このような分割構成を取るべき理由は主に3つあります。

ライフサイクルの違い

　開発環境、ステージング環境、本番環境では、リソースの更新頻度や運用方法が大きく異なります。開発環境では頻繁な変更や実験的な構成変更が行われる一方で、本番環境では慎重な変更管理が必要です。環境ごとに別のステートファイルを持つことで、それぞれの環境に適したライフサイクル管理が可能になります。

操作ミスによる事故の防止

　環境を分離することで、誤って本番環境に影響を与えてしまうリスクを大幅に低減できます。例えば、開発環境で「`terraform destroy`」を実行しても、本番環境には一切影響を与えません。また、`plan` や `apply` の実行時にも、対象の環境が明確になるため、意図しない環境への変更を防げます。

■ セキュリティ

環境ごとに異なるアクセス権限を設定することで、セキュリティを強化できます。例えば、開発者には開発環境のみ、運用チームには全環境といったように、役割に応じた適切なアクセス制御が可能になります。また、環境ごとに異なる認証情報や機密情報を使用することもできます。

■ チームごとに分割する

それぞれのチームの責務に応じて、フォルダやリポジトリを分ける方法もあります。1リポジトリを複数のチームに跨がって管理する場合、更新のコンフリクトやレビューの責任範囲の問題が発生しがちです。1リポジトリに対してオーナーシップを持つチームを1つだけアサインすることで、調整の手間を減らせます。

A.4 他のステートファイルを参照する

Terraformの活用が広がると、他のTerraformコードで作成したリソースを参照したいケースが出てきます。たとえば、インフラチームが作成したAWSのVPCやサブネットなどを、アプリケーションチームが管理するVMなどのリソースで利用したいというパターンや、Azure Web Appsで作成したアプリケーションを、別Terraformコードで管理しているCDNに接続したいといったようなパターンです。そのようなケースに対応できるように、Terraformには他のステートファイルを参照する仕組みが用意されています。

A.4.1 terraform_remote_state データソース

データソースの一種として、`terraform_remote_state`というデータソースが用意されています。これを使うことで、他のステートファイル（以下、`remote_state`と表記）を参照可能になります。たとえば、第3章で利用したAWSのVPCを、別のTerraformコードで作成したEC2インスタンスから参照する場合、次のような構成になります（図A.7）。

付録 A　Terraform Tips

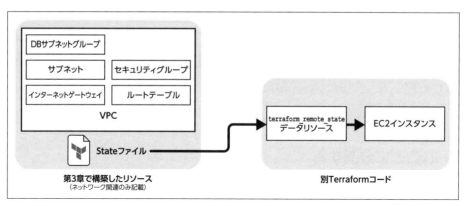

図 A.7　terraform_remote_state を使って他の State ファイルを参照する

A.4.2　HCP Terraform から remote_state を参照する

`terraform_remote_state` データソースは、さまざまなステートファイルの保存場所から参照できます。たとえば PC 内にあるステートファイルを参照する場合、`local` バックエンドを指定します。

```
data "terraform_remote_state" "vpc" {
  backend = "local"

  config = {
    path = "<ローカルの State ファイルのパスを指定>"
  }
}
```

ですが、実際の利用シーンとしては他のチームやプロダクトが管理しているステートファイルを参照することが多いでしょう。その場合は、ローカルではなく何らかのバックエンドから参照することになります。本書では第 5 章でステートファイルを HCP Terraform に保存する方法を解説していますので、そこから State を持ってくる場合、次のような記述が可能です。

A.4 他のステートファイルを参照する

```
data "terraform_remote_state" "vpc" {
  backend = "remote"

  config = {
    organization = "jacopen-book"
    workspaces = {
      name = "aws-infra"
    }
  }
}
```

configでHCP TerraformのOrganizationとWorkspaceを指定しています。ただ、説明の繋がりから上記のようなコードを説明しましたが、HCP Terraformにおいては`tfe_outputs`データリソースの利用が推奨されています。こちらのほうがよりシンプルな記述が可能です。

```
data "tfe_outputs" "vpc" {
  organization = "jacopen-book"
  workspace    = "aws-infra"
}
```

どちらでも動作しますが、公式が推奨している`tfe_outputs`を使うことをお勧めします。

A.4.3 remote_stateを参照する手順

実際に`remote_state`を参照する手順を解説します。

`remote_state`から何でも参照できるわけではありません。参照できるのはステートファイルのOutputsです。たとえば、SubnetのIDを取得したい場合は、参照元の`outputs.tf`で出力しておく必要があります。

付録 A　Terraform Tips

```
output "public_subnet_id" {
  value = aws_subnet.public.id
}
```

　上記の内容を追記し、「`terraform apply`」を実行することで、ステートファイル内に `Outputs` が追加されます。
　次に、別フォルダで `remote_state` を参照するコードを記述します。

```
terraform {
  required_providers {
    tfe = {
      version = "~> 0.57.0"
    }
    aws = {
      source  = "hashicorp/aws"
      version = "~> 5.41.0"
    }
  }
}

provider "tfe" {
  version = "~> 0.58.0"
}

provider "aws" {
  region = "ap-northeast-1"
}

data "tfe_outputs" "aws_infra" {
  organization = "jacopen-book"
  workspace = "aws-infra"
}
```

```
resource "aws_instance" "example" {
  ami           = "ami-0eba6c58b7918d3a1"
  instance_type = "t3.micro"
  subnet_id     = data.tfe_outputs.aws_infra.values.public_subnet_id

  tags = {
    Name = "Test VM"
  }
}
```

まず、AWS の EC2 インスタンスを作成するために、AWS プロバイダーを読み込んでいます。また、`tfe_outputs` データリソースは TFE プロバイダーによって提供されているため、そちらも読み込んでいます。

`tfe_outputs` データリソースの `config` で、HCP Terraform の Organization と Workspace を指定しています。そして、`aws_instance` リソースの `subnet_id` に、`tfe_outputs` データリソースから `public_subnet_id` を指定しています。これで、HCP Terraform の Workspace にあるステートファイルからサブネットの ID を取得できます。

A.5 複数のリージョンやアカウントを使う

たとえば AWS プロバイダーの場合、`provider` ブロックにリージョンを指定するかたちになるため、プロバイダーを跨がった構築ができません。では、どうしても複数リージョンを同時に設定しなければいけない場合、どのような方法があるのでしょうか。

また、同様に AWS のアカウントを跨がった構築もできません。社内でアカウントを細かく管理しており、対象ごとに付与されているアカウントが異なる場合、どのようにして Terraform を運用すればよいのでしょうか。

A.5.1　複数のリージョンを同時に設定する

AWSで複数リージョンを同時に利用したい場合、providerブロックにエイリアスを指定することで対応が可能です。

```
provider "aws" {
  region = "ap-northeast-1"
}

provider "aws" {
  alias  = "oregon"
  region = "us-west-2"
}
```

この例では、`ap-northeast-1`というリージョンにはとくに何も指定していません。一方で、`us-west-2`に対しては、`oregon`というエイリアスを付与しています。

リソースをそれぞれのリージョンに作成する場合、次のように`resource`ブロックを指定します。

```
resource "aws_instance" "tokyo" {
  instance_type = "t3.micro"
  （以下、インスタンスの設定）
}

resource "aws_instance" "oregon" {
  provider = aws.oregon
  （以下、インスタンスの設定）
}
```

このように、各`resource`ブロックの`provider`引数にエイリアスを指定する

ことで、そのリソースを特定のリージョンに作成できます。何も指定しない場合は、エイリアスを指定していない ap-northeast-1 に作成されます。

モジュール呼び出しの際にも、同様の記述が可能です。

```
module "example" {
  source = "./example"

  providers = {
    aws = aws.oregon
  }
}
```

モジュールの場合は、モジュール側で複数のプロバイダーを指定している可能性があるため、providers 引数で複数のエイリアスを渡せるようになっています。

A.5.2 複数のアカウントを利用する

複数のアカウントを使いたい場合も、エイリアスを利用することで対応が可能です。AWS の場合、provider ブロックに認証情報を記載できます。それを利用して、次のような設定が可能です。

```
provider "aws" {
  access_key = var.aws_access_key_1
  secret_key = var.aws_secret_key_1
}

provider "aws" {
  alias      = "second"
  access_key = var.aws_access_key_2
  secret_key = var.aws_secret_key_2
}
```

ただし、本章の冒頭でも触れたように、認証情報を直接指定するのはお勧めしません。より安全な方法で指定を行いましょう。AWS の場合、AssumeRole を利用して、一時的にロールを引き受けられます[5]。安全にクロスアカウントを利用する方法としては、こちらをお勧めします。

`provider` ブロックで AssumeRole を利用する場合、次のような指定を行います。

```
provider "aws" {
  assume_role {
    role_arn = "arn:aws:iam::123456789012:role/ROLE_NAME"
  }
}

provider "aws" {
  alias   = "second"
  assume_role {
    role_arn = "arn:aws:iam::123456789012:role/ANOTHER_ROLE_NAME"
  }
}
```

A.6 ローカル値

ローカル値は、Terraform コードの管理と再利用性を向上させる便利な機能です。

A.6.1 再利用したい値を定義する

Terraform のコードを書いていると、同じような名称を持つリソースを作成することがあります。そのような場合に、都度同じ名前を設定していくのは無駄が

---

[5] https://docs.aws.amazon.com/ja_jp/cli/latest/userguide/cli-configure-role.html

多いように思います。プログラミング用語で DRY（Don't Repeat Yourself）という原則がありますが、ローカル値を活用することでコードをより DRY にできます。

たとえば、次のようなコードがあるとします。

```
resource "aws_instance" "web" {
  tags = {
    Name = "web"
  }
}

resource "aws_network_interface" "web" {
  tags = {
    Name = "web-nic"
  }
}

resource "aws_eip" "web" {
  tags = {
    Name = "web-eip"
  }
}
```

どれにも web というタグが入っており、重複しています。これを locals を使って定義してみましょう。

```
locals {
  name = "web"
}

resource "aws_instance" "web" {
  tags = {
```

付録A　Terraform Tips

```
    Name = local.name
  }
}

resource "aws_network_interface" "web" {
  tags = {
    Name = "${local.name}-nic"
  }
}

resource "aws_eip" "web" {
  tags = {
    Name = "${local.name}-eip"
  }
}
```

このように、`local` を参照させることで、同じ値を一括で設定できます。値を変更したい場合は、`local` 値を変更するだけで済むので、便利ですよね。

A.6.2　ローカル値で設定できること

ローカル値には複数の値を設定できる他、Terraform で利用可能なさまざまなデータ型を利用できます。さらには、式を利用することも可能です。

これらの機能を活用すると、次のような指定も可能となります。

```
locals {
  project_name = "my-project"
  environment  = var.environment
  prefix       = "${local.project_name}-${local.environment}"
  instance_count = {
    "dev" = 1
    "stg" = 2
```

```
    "prod" = 3
  }
  current_instance_count = lookup(local.instance_count, local.environment, 1)
}

resource "aws_instance" "example" {
  count = local.current_instance_count

  tags = {
    Name = "${local.prefix}-instance-${count.index + 1}"
  }
}
```

まず`project_name`でプロジェクト名を設定し、`environment`で変数から環境を指定できるようにしています。`prefix`は、プロジェクト名と環境名を合わせた文字列を生成しています。`instance_count`には、それぞれの環境におけるインスタンス数を設定しています。そして、`current_instance_count`では、`lookup`関数を使って、環境に応じたインスタンス数を取得しています。

これを`resource`ブロックの`count`引数から参照することで、`prod`環境であれば3台、`stg`環境であれば2台、`dev`環境であれば1台のインスタンスが作成されることになります。また、`Name`タグで`prefix`とインスタンス番号を合わせた文字列を設定しています。

`local`値を活用することで、設定の柔軟性がかなり高くなることがおわかりいただけたでしょうか。

A.6.3　local 値と variable との使い分け

再利用という意味では、`variable`でも似たようなことは可能です。

```
resource "aws_instance" "web" {
  tags = {
```

```
    Name = var.name
  }
}

resource "aws_network_interface" "web" {
  tags = {
    Name = "${var.name}-nic"
  }
}

resource "aws_eip" "web" {
  tags = {
    Name = "${var.name}-eip"
  }
}
```

ただし、`local`値の場合は式や関数を利用して柔軟な設定ができるのに対し、`variable`の場合はそのようなことはできません。`variable`はあくまでも外部から値を受け取りたい場合にのみ利用し、コード内での再利用は`local`値を使うのがお勧めです。

A.7 ヒアドキュメントとテンプレート構文

Terraformのテンプレート構文は、複雑な設定ファイルを動的に生成したり、長い文字列を効率的に扱うための強力なツールです。

A.7.1 ヒアドキュメントで複数行の文字列を扱う

Terraformでは、ヒアドキュメント（heredoc）構文を使って、複数行にわたる文字列を扱えます。

```
resource "aws_instance" "web" {
  ami         = "ami-0eba6c58b7918d3a1"
  user_data = <<-EOF
    #!/bin/bash
    sudo apt update
    sudo apt install -y apache2 php php-mbstring php-xml php-mysqli
    echo "Hello world!" | sudo tee -a /var/www/html/index.html
  EOF
}
```

　この例では、EC2インスタンスの起動時に実行するスクリプトを、ヒアドキュメントを使って定義しています。これにより、複数行のスクリプトを読みやすく、管理しやすいかたちで記述できます。`<<-EOF`から`EOF`までのあいだに、複数行の文字列を記述できます。

A.7.2　外部ファイルを読み込む

　ヒアドキュメントは便利ですが、あまりにも長い行の場合は読みづらいという欠点があります。例えばアプリケーションに渡すコンフィグファイルなどは、別ファイルとして保存しておき、それを読み込むようにするのがお勧めです。

　そのために利用できるビルトイン関数として、`file`と`templatefile`があります。

■ `file`関数

　`file`関数は指定したファイルを読み込み、文字列として返す仕組みです。例えば、フォルダ内に`config.txt`というファイルを作成し、そこに何らかの内容を記述します。

config.txt の例

```
http{
    server{
        location /{
            root /path/to/foo;
        }
    }
}
```

「terraform console」でテストしてみましょう。コンソール内で file 関数を実行すると、文字列が返ってくることがわかります。

```
$ terraform console
> file("config.txt")
<<EOT
http{
    server{
        location /{
            root /path/to/foo;
        }
    }
}
EOT
```

■ templatefile 関数

templatefile 関数は file 関数と似ていますが、指定したファイルを読み込み、テンプレート構文を適用して返す仕組みです。一例として、config.tpl というファイルを作成し、そこにテンプレート構文を記述します。

A.7 ヒアドキュメントとテンプレート構文

config.tpl の例

```
http{
    server{
        %{ for localtion in locations ~}
        location ${localtion.path}{
            root ${localtion.document_root};
        }
        %{ endfor ~}
    }
}
```

「terraform console」で templatefile 関数をテストします。

```
> templatefile("./config.tpl", { locations = [{path = "/foo", document_root \
= "/path/to/foo"}, {path= "/bar", document_root = "/path/to/bar"}]})
<<EOT
http{
    server{
        location /foo{
            root /path/to/foo;
        }
        location /bar{
            root /path/to/bar;
        }
    }
}
EOT
```

templatefile 関数の第 2 引数で渡した値がテンプレート内で参照され、その結果が返されていることがわかります。この関数を活用することで、コンフィグファイルを動的に生成してリソースに適用するといった使い方が可能となります。

A.8 動的にブロックを生成する

　リソースによっては、設定に複数回のブロックを記述する必要がある場合があります。例えば、AWSセキュリティグループのインバウンドルールにおいて、複数のポートを指定する場合などです。

▌複数のブロックを記述する例

```
resource "aws_security_group" "web" {
  name        = "web"
  description = "Allow Web traffic"
  vpc_id      = aws_vpc.main.id

  ingress {
    description      = "HTTP from Internet"
    from_port        = 80
    to_port          = 30080
    protocol         = "tcp"
    cidr_blocks      = ["0.0.0.0/0"]
  }

  ingress {
    description      = "TLS from Internet"
    from_port        = 443
    to_port          = 30443
```

---

[6] https://developer.hashicorp.com/terraform/language/expressions/strings#string-templates

```
    protocol        = "tcp"
    cidr_blocks     = ["0.0.0.0/0"]
  }

  egress {
    from_port       = 0
    to_port         = 0
    protocol        = "-1"
    cidr_blocks     = ["0.0.0.0/0"]
  }

  tags = {
    Name = "web"
  }
}
```

許可するポートが増えれば増えるほど、ingressブロックを追加していくことになります。こういった場合、淡々と記述していくのもひとつの手ですが、より効率的な方法があります。

A.8.1 dynamic ブロック

dynamicブロックは、リソースの設定に複数のブロックを記述する場合に利用できる機能です。次のような表記で利用します。

```
resource "aws_security_group" "web" {
  name        = "web"
  description = "Allow Web traffic"
  vpc_id      = aws_vpc.main.id

  dynamic "ingress" {
    for_each = local.ports
```

付録A　Terraform Tips

```
    content {
      description = "Allow traffic from port ${ingress.value.from} to port
      ${ingress.value.to}"
      from_port   = ingress.value.from
      to_port     = ingress.value.to
      protocol    = "tcp"
      cidr_blocks = ["0.0.0.0/0"]
    }
  }

  egress {
    from_port   = 0
    to_port     = 0
    protocol    = "-1"
    cidr_blocks = ["0.0.0.0/0"]
  }

  tags = {
    Name = "web"
  }
}

locals {
  ports = {
    "http"  = { from = 80,  to = 38080 }
    "https" = { from = 443, to = 30443 }
  }
}
```

　先ほどの例と異なる点は、`ingress` ブロックを並べるのではなく、`ingress` の名前が付いた `dynamic` ブロックを1つだけ作成しているところです。

　`dynamic` ブロックの中では、`for_each` に `local` 値を指定しています。`local`

値には、ポートの from と to を指定するマップを設定しています。

　動的に生成されるブロックに渡したいプロパティは、content ブロック内に記述します。今回のケースの場合、from_port と to_port を動的にしたいので、そこに for_each で繰り返される値を ingress.value.from と ingress.value.to として指定しています。

　こうすることで、受け入れたいポートが増えた場合でも、local 値に行を追加するだけで対応できるようになります。

A.9 デバッグとトラブルシューティング

　Terraform のコードを書いていると、本当にこの書き方で合っているのか確認したくなります。都度 plan を実行して動作を試すのもひとつの手ですが、HCL の構造が複雑な場合は出力を待っているのも手間です。また、Terraform を実行しているあいだに、裏でどのような操作が行われているのか確認したくなることもあるでしょう。特にトラブルシューティングの場では詳細なログが必要です。そういった際に便利な仕組みを紹介します。

A.9.1　terraform console の活用

　「terraform console」は、Terraform の対話型コンソールを提供する非常に便利なツールです。これを使うことで、式や関数の結果をリアルタイムでテストし、デバッグできます。

▌関数の動作確認

```
> length(var.list_variable)
> formatdate("YYYY-MM-DD", timestamp())
```

▌リソース属性の参照

```
> aws_instance.web.private_ip
```

付録A　Terraform Tips

複雑な式のテスト

```
> [for k, v in var.map_variable : upper(k) if v > 10]
```

このように、consoleを活用することで、複雑なHCL構造や関数の動作を事前に確認し、本番環境での予期せぬエラーを防げます。また、新しい構文や関数の学習にも非常に役立ちます。

A.9.2　ログレベルの調整

TF_LOG環境変数を設定することで、ログの出力レベルを調整できます。DEBUGを指定すると、より詳細なログが出力されます。

```
$ export TF_LOG=DEBUG
$ terraform plan
2024-10-30T12:18:37.726+0900 [INFO]  Terraform version: 1.8.3
2024-10-30T12:18:37.726+0900 [DEBUG] using github.com/hashicorp/go-tfe v1.51.0
2024-10-30T12:18:37.726+0900 [DEBUG] using github.com/hashicorp/hcl/v2 v2.20.0
2024-10-30T12:18:37.726+0900 [DEBUG] using github.com/hashicorp/terraform-svch
ost v0.1.1
2024-10-30T12:18:37.726+0900 [DEBUG] using github.com/zclconf/go-cty v1.14.3
2024-10-30T12:18:37.726+0900 [INFO]  Go runtime version: go1.22.1
2024-10-30T12:18:37.726+0900 [INFO]  CLI args: []string{"terraform", "plan"}
（略）
```

Terraformを実行していて、「何かおかしいな？」と感じたら、ログレベルを調整して詳細を調べてみるとよいでしょう。

A.10　覚えておきたい便利コマンド

Terraformには多くの便利なコマンドがありますが、特に覚えておくと良いコマンドを紹介します。

A.10 覚えておきたい便利コマンド

fmt

「`terraform fmt`」コマンドは、Terraform の設定ファイルを標準的なフォーマットに整形します。

```
$ terraform fmt
```

このコマンドは、インデントの調整や空白の削除など、コードの可読性を向上させるために使います。チーム開発時に統一されたコードスタイルを維持するのに役立ちます。リポジトリにコミットする前に必ず実行するようにしましょう。CI ツールでも実行するように設定しておくと、コードのフォーマットを自動でチェックできます。

validate

「`terraform validate`」コマンドは、Terraform の設定ファイルの構文と内部的な整合性をチェックします。

```
$ terraform validate
```

このコマンドは、設定ファイルの問題を早期に発見し、適用前のエラーを防ぐのに役立ちます。こちらも CI に組み込んで自動化しておくと便利です。

version

「`terraform version`」コマンドは、インストールされている Terraform のバージョンを表示します。

```
$ terraform version
```

使っている Terraform のバージョンを確認したり、バージョン依存の問題をトラブルシューティングする際に役立ちます。Terraform のバージョン違いによるトラブルはそれほど多くありませんが、あまりに最新と乖離したバージョンを使い続けると、バージョン差異によるエラーが出ることもあります。チーム内で利用するバージョンは揃えておくことをお勧めします。

refresh

「`terraform refresh`」コマンドは、ステートファイルを実際のインフラストラクチャの状態と同期させます。

```
$ terraform refresh
```

このコマンドは、Terraform の管理外で行われた変更を反映させたり、状態ファイルと実際のリソースの不一致を解消するのに使います。

graph

「terraform graph」コマンドは、リソース間の依存関係を可視化するために使います。

```
$ terraform graph
```

ただ、これだけだと単にリソース名が並んで出力されただけのように見えるため、わかりづらいです。そこで、Graphviz というツールを組み合わせると、出力を画像に変換できます。Graphviz をインストールするには、次のように実行します。

```
$ sudo apt-get install graphviz   ← Linux の場合
$ brew install graphviz   ← macOS の場合 L
```

dot コマンドを組み合わせてみましょう。

```
$ terraform graph -type=plan | dot -Tpng > graph.png
```

こうすることで、依存関係を画像で出力できます。

taint

「terraform taint」コマンドは、特定のリソースを「汚染」状態としてマークし、次回の apply 時に強制的に再作成させるために使います。

```
$ terraform taint <リソース名>
```

作成した VM がおかしくなってしまったのでリセットしたい、といった場合に便利です。

state

「terraform state」コマンドは、ステートファイルを管理するためのさまざまなサブコマンドを提供します。

A.10 覚えておきたい便利コマンド

```
$ terraform state list
$ terraform state show [resource]
$ terraform state mv [source] [destination]
```

　これらのコマンドは、状態の確認、リソースの移動などのステートファイルの操作ができます。ただし、ステートファイルの操作はリスクを伴います。本書では解説しませんが、利用する際には公式ドキュメント[7]を参考にしながら、注意して利用してください。

---

[7] https://developer.hashicorp.com/terraform/cli/state

索 引

記号・数字
*.auto.vars　46
*.auto.vars.json　46
-auto-approve　67
-var オプション　46
.gitignore　150
.sentinel　242
.terraform　31
.tf　29
.tfvars　46, 132

A
Advisory　265
AFT　177
Alibaba Cloud　99
Amazon RDS　77
Ansible　21
Ansible プロバイダー　230
API-Driven　201
apply（HCP Terraform）　138
apply（terraform コマンド）　32, 52, 67
apt　27
Audit Logs　135
AWS　57
AWS アカウント　61
AWS プロバイダー　89
AWS CLI 設定ファイル　90
AWS Cloud Control API　93
AWS CloudFormation レジストリ　94
AWSCC プロバイダー　93
AZ（AWS）　74
Azure プロバイダー　101
azurerm　101

B
Bitbucket　164
Business Source License　10

C
CAF　178
CDN サービス　225
Chef　21
CI　55
CIDR ブロック　72, 73
CIS Benchmark　235
CLI 設定ファイル（Sentinel）　264
CLI（AWS）　57
CLI（Sentinel）　240
CLI（Terraform）　132
CLI-Driven　201
Cloud Deployment Manager　23
Cloud Storage　235
CloudFormation　9, 23, 59
Community Provider　208
compose（docker コマンド）　25
console（terraform コマンド）　52
Continuous Validation　135
Cost Estimation　135
count　87

D
Datadog プロバイダー　227
default　44
description　44
Description（Sentinel）　245
destroy（terraform コマンド）　50, 52
Docker　25
docker コマンド　25

318

Dockerプロバイダー　31, 210
Docker Desktop　28
docker_image リソースタイプ　37
Drift Detection　135
DSL　19
dynamic ブロック　311
Dynamic Provider Credentials　92, 282

E

EC2 インスタンス　58, 67, 79
Elastic IP　80

F

Fastly プロバイダー　225
filter（Sentinel）　253
fmt（terraform コマンド）　52, 54, 315
for 文　85
for_each　87

G

GCP Foundation Benchmark　235
Git　132
GitHub　149, 164, 269
GitLab　149
Go 言語　12
graph（terraform コマンド）　316
Graphviz　316

H

Hard Mandatory　265
HashiCorp　8
HashiCorp Cloud Platform　215
HashiCorp Cloud Platform プロバイダー　215
HashiCorp Developer　94
HashiCorp Vault プロバイダー　218
HCL　17, 19, 262
HCP　215

HCP Terraform　91, 131, 134, 235, 276, 286
Homebrew　27, 241
HTTP　77, 268
HTTPS　77

I

IaC　12, 58
IAM　61
IAM インスタンスプロファイル　91
IAM ユーザー　61
IBM Cloud　99
import（Sentinel）　271
import（terraform コマンド）　52
Infrastructure as Code　12
init（terraform コマンド）　30, 31, 52, 66
Inventory Plugin　231
ISO　235

J

JSON　262

L

Local Execution　145
login（HCP Terraform）　139
login（terraform コマンド）　52

M

macOS　27
main.tf　29, 34, 65
map　87
Meta-Argument　87
mock（Sentinel）　262
Mozilla Public License　10
MySQL　77

N

Nginx　25, 34

索 引

NIC　80
NIST　2, 235
No Code Provisioning　135
No-Code Ready モジュール　201
nullable　44
Nutanix プロバイダー　223

■■■■■■■■■■■ O ■■■■■■■■■■■

Official Provider　208
OIDC　282
OPA　275
Oracle　77
Oracle Cloud Infrastructure　99
output ブロック　82
outputs.tf　82

■■■■■■■■■■■ P ■■■■■■■■■■■

PaC　237
param（Sentinel）　254
Partner Provider　208
PCI DSS　235
plan（terraform コマンド）　32, 52, 67
Policy as Code　135
Policy Check　239
PostgreSQL　77
private サブネット　73
Private Repository　135
provider ブロック　36
ps（docker コマンド）　28, 34
public サブネット　73
Puppet　21

■■■■■■■■■■■ R ■■■■■■■■■■■

Random プロバイダー　78, 107
Raw URL　269
refresh（terraform コマンド）　52, 315
Rego　275
Remote Execution　145

Remote Procedure Call　12
resource ブロック　36
Resource Manager　23
rule（Sentinel）　245
Run Stage　239
Run Tasks　135

■■■■■■■■■■■ S ■■■■■■■■■■■

SDPF クラウド/サーバー　99
sensitive　44
Sentinel　235, 240
Sentinel ポリシー　242
Sentinel CLI 設定ファイル　255
Service Principal　102
set　87
Soft Mandatory　265
source 引数　170
Splunk プロバイダー　229
SQL　19
SQL Server　77
State Repository　135
State Repository 機能　136
state（terraform コマンド）　52, 316
static ラベル（Sentinel）　268

■■■■■■■■■■■ T ■■■■■■■■■■■

taint（terraform コマンド）　316
Terraform　8
Terraform での管理　47
terraform ブロック　35
Terraform ワークフロー　193
Terraform Core　11
Terraform Registry　12, 35, 164, 205
terraform.tfstate　39
terraform.tfvars.json　46
test（terraform コマンド）　52
TF ファイル　29
tfconfig　273

TFE プロバイダー　213
tfplan　273
tfrun　273
tfstate　273
Tier　207
toset 関数　87
type　44

■■■■■■■■■■■■　V　■■■■■■■■■■■■
validate（terraform コマンド）　52, 315
validation　44
variable ブロック　44
Variable Repository　135
VCS　149, 193
VCS Connection　135
VCS-Driven　201
version 引数　170
version（terraform コマンド）　315
Virtual Machine Extension　108
VMware vSphere プロバイダー　220
VPC　5, 72
VPC モジュール　169

■■■■■■■■■■■■　W　■■■■■■■■■■■■
WordPress　70, 100
Workload Identity Token　282

■■■■■■■■■■■■　あ　■■■■■■■■■■■■
アウトプット　171
アカウント（HCP Terraform）　136
アクセスキー（IAM ユーザー）　61, 147
アクセス制御　134

■■■■■■■■■■■■　い　■■■■■■■■■■■■
一貫性　165
インシデント　234
インターネットゲートウェイ　72, 74
インフラオブジェクト　36

■■■■■■■■■■■■　え　■■■■■■■■■■■■
エイリアス　300
演算子　243

■■■■■■■■■■■■　お　■■■■■■■■■■■■
オーナー権限　277
オンデマンド・セルフサービス　2
オンプレミス　3

■■■■■■■■■■■■　か　■■■■■■■■■■■■
課金　60
仮想基盤　223
仮想サーバー　4
ガバナンス　193
カプセル化　165
環境変数　45, 255

■■■■■■■■■■■■　き　■■■■■■■■■■■■
キーペア（AWS）　58
キャッシュ　42

■■■■■■■■■■■■　く　■■■■■■■■■■■■
クラウドコンピューティング　1
クラウドプロバイダー　3
グローバルデータ　266

■■■■■■■■■■■■　け　■■■■■■■■■■■■
検証可能性　17

■■■■■■■■■■■■　こ　■■■■■■■■■■■■
構成管理ツール　21
コスト　5
コマンドライン引数　255
コミットハッシュ　278
コミュニティ版　131
コレクション　253
コンソール（AWS）　57
コンテナイメージ　37

索 引

コンテナの ID　40
コンテンツマネジメントシステム　70
コンプライアンス　235

さ

サービスアカウント　119
サービスが計測可能　2
再利用可能なルール　270
再利用性　16
作業の属人化　6
さくらのクラウド　99
サブネット　72
サブネット（AWS）　58
三項演算子　89

し

シークレットアクセスキー（IAMユーザー）　61, 147
シークレット管理　218
実行モード（HCP Terraform）　145
自動化　8

す

ステートファイル　40, 132, 141, 292, 316
スピーディな拡張性　2

せ

セキュリティガードレール　237
セキュリティグループ　75
セキュリティグループ（AWS）　58
セキュリティ対策　234
セマンティック・バージョン　194
セルフサービス　165
宣言型　21

た

タブ補完　28
短絡評価　261

て

データソース　288
手続き型　22
デバッグ　313
デプロイ　133, 185
テンプレート構文　308

と

トップダウン　242
ドメイン記述言語　19
トラブルシューティング　313
ドリフト　47

に

ニフクラ　99
入力変数　170
認証情報　64, 281

ね

ネットワークインターフェイス　80

は

バージョニング　16
バージョンコントロールシステム　133
幅広いネットワークアクセス　2
パブリックモジュール　167
パラメータ　254

ひ

ヒアドキュメント構文　306
標準ライブラリ（Sentinel）　244

ふ

ファイアーウォールルール　113
プライベートクラウド　2, 220
プラグイン　12
プロジェクト　213
プロダクション環境　134

索　引

プロバイダー　12, 203
プロバイダーのバージョン　35
プロバイダーへの要求事項の設定　35
プロビジョナー　272
プロビジョニング　133
プロビジョニングツール　21
プロビジョニングプロセス　8

へ

冪等性　21
ベストプラクティス　133, 236
ベストプラクティス（Terraform モジュール）　166
ヘルパーライブラリ　270
変数　43

ほ

ポリシー　276
ポリシー管理権限　277
ポリシーセット　276
ポリシーテスト　256

ま

マネージドサービス　77
マルチクラウド　8, 95, 204

む

無料プラン（HCP Terraform）　134

め

命名規則　182, 193
メタデータ　41
メタ引数　87

も

モジュール　134, 161, 269
モジュール変数　172
モックテスト　261

モニタリングサービス　227

ゆ

有償プラン（HCP Terraform）　135

ら

ランディングゾーン　178

り

リソース　204
リソースの管理　3
リソースの共用　2
リポジトリ　150
リモートソース　268
リリースタグ　194

る

ルートテーブル　72, 74
ルートモジュール　162
ルートユーザー（AWS）　61
ループ処理　85

れ

レビューコスト　236

ろ

ローカル値　302
ローカルリソース名　37
ログレベル　314
論理演算子　261
論理式　243
論理プロバイダー　79

わ

ワークスペース　134, 213

■商品に関するお問い合わせ先

このたびは弊社商品をご購入いただきありがとうございます。本書の内容などに関するお問い合わせは、下記のURLまたは2次元バーコードにある問い合わせフォームからお送りください。

https://book.impress.co.jp/info/

上記フォームがご利用いただけない場合のメールでの問い合わせ先
info@impress.co.jp

※お問い合わせの際は、書名、ISBN、お名前、お電話番号、メールアドレスに加えて、「該当するページ」と「具体的なご質問内容」「お使いの動作環境」を必ずご明記ください。なお、本書の範囲を超えるご質問にはお答えできないのでご了承ください。

- 電話やFAXでのご質問には対応しておりません。また、封書でのお問い合わせは回答までに日数をいただく場合があります。あらかじめご了承ください。
- インプレスブックスの本書情報ページ　https://book.impress.co.jp/books/1121101117　では、本書のサポート情報や正誤表・訂正情報などを提供しています。あわせてご確認ください。
- 本書の奥付に記載されている初版発行日から3年が経過した場合、もしくは本書で紹介している製品やサービスについて提供会社によるサポートが終了した場合はご質問にお答えできない場合があります。

■落丁・乱丁本などの問い合わせ先
FAX　03-6837-5023
service@impress.co.jp
- 古書店で購入されたものについてはお取り替えできません。

著者、株式会社インプレスは、本書の記述が正確なものとなるように最大限努めましたが、本書に含まれるすべての情報が完全に正確であることを保証することはできません。また、本書の内容に起因する直接的および間接的な損害に対して一切の責任を負いません。

入門Terraform
クラウド時代のインフラ統合管理

2024年 12月1日　初版第1刷発行

著　者　　草間一人、伊藤忠司、七尾健太、前田友樹、村田太郎

発行人　　高橋隆志

編集人　　藤井貴志

発行所　　株式会社インプレス
　　　　　〒101-0051　東京都千代田区神田神保町一丁目105番地
　　　　　ホームページ　https://book.impress.co.jp/

本書は著作権法上の保護を受けています。本書の一部あるいは全部について（ソフトウェア及びプログラムを含む）、株式会社インプレスから文書による許諾を得ずに、いかなる方法においても無断で複写、複製することは禁じられています。本書に登場する会社名、製品名は、各社の登録商標または商標です。本文では、®や™マークは明記しておりません。

Copyright © 2024 Kazuto Kusama, Tadashi Ito, Kenta Nanao, Tomoki Maeda, Taro Murata. All rights reserved.

印刷所　　大日本印刷株式会社

978-4-295-02063-9　　C3055

Printed in Japan